任性出版

一人公司的第零年教科書

不想只領死薪水！
經營副業、全職接案、自行創業的致勝祕笈。
任何時間（第零年）都可開始。

**數位廣告公司 Appassionato 代表，
從負債 800 萬日圓，
翻轉為年收入 4,000 萬日圓**
倉林寬幸——著
賴詩韻——譯

起業0年目の教科書

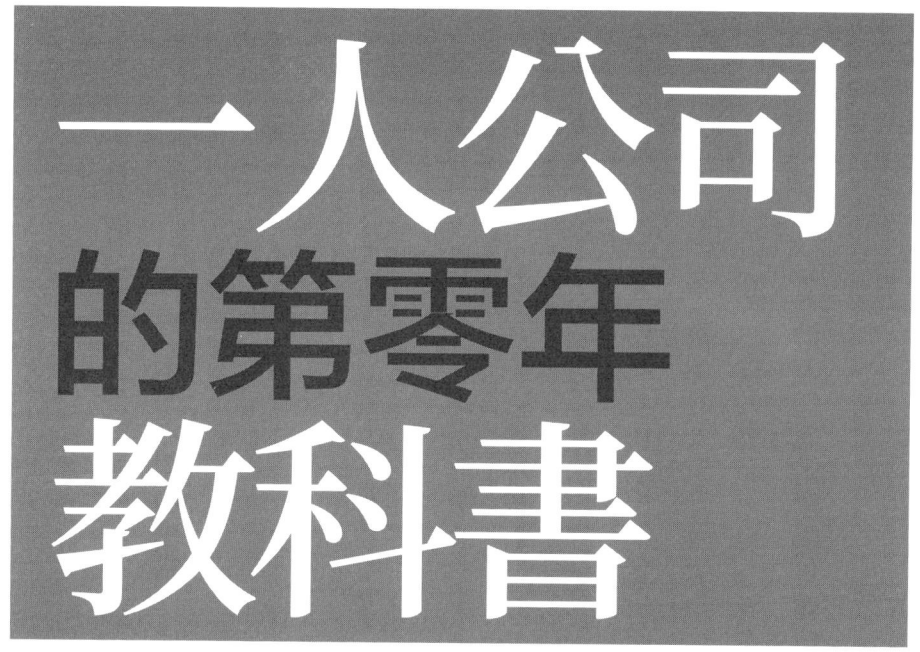

Contents

第二章 從零到年收入一千萬日圓

第三章 我從上班族時期就開始準備

第四章 有些事，你得刻意不做

第五章 創造顧客回流的口碑

第六章 零人脈的行銷法

第七章 光賺到錢還不夠！

第八章　一人公司的第零年教科書

推薦序

一人公司啟程前，你需要這本書

個人品牌事業教練／于為暢

「一人公司」早已不是口號，而是一種生活方式的選擇，在AI（Artificial Intelligence，人工智慧）的推波助瀾下，我認為「一人公司」將是必然趨勢。就算你不想創業，某天或許也會被逼得必須嘗試。幸運的是，社會文化和工作型態也正在與時俱進，只要你有某方面的專業，都有機會以一人的方式維生、養家、甚至致富。如果未來真有一天，每個人都是一家公司，那我們現在越早開始準備越好。本書就是一本準備手冊，幫助你儘早布局，甚至提前上路。

我經營一人公司已進入第八年，本書許多觀念都與我的做法雷同。在初期時我且戰且走，雖然途中很少前輩或書籍可以參考，但都恰好符合書中、以及國外成功經歷提到的「從小規模開始嘗試才不會遭遇大失敗，撤退的條件也可以事先想好」、「Teach Everything You Know」（教別人你會的所有事），盡可能的分享專業，以及「Show Up Everyday」（每天固定出現）、和最重要的「每天都要前進，只有半步也可以」。

何時能變現，開始有獲利呢？書中說：「時機點不是由自己決定，『等對方有需求』才是適當的時機點。」我的經驗是，這個「需求」有時很隱諱，但你卻能感應到，例如：你有一千個死忠的粉絲、作品被大量的轉發、有人留言或回信表達感謝、聽到網友對你的內容感到驚豔時，或出現類似「這也太佛心了吧」、「這是免費可以看的嗎」等市場反饋時，就可以開始嘗試收費。

在這條路上，其中一個關鍵要素是「尋找人生導師」，現在ＡＩ發展快速，看似能給你許多好建議，但只有人生導師可以提供你心法，其中心法比技法更加重要。因為初期資源有限，有了大原則、確定正確的方向，才不會浪費太多的能量和金錢。覓得良師需要機緣，不如先從本書開始，讓作者帶你從入門到變現。

一人公司自由靈活、獨立自主，決策和執行不用問人，利用「點子產品化」快速實現想法，不管成功或失敗也沒有人會責怪你。「成功很好，失敗也無妨」，個人創業想要沒有壓力，你需要放心大膽的一再嘗試，嘗試越多成功機會越大，就能一步一步向前走！

另外想提醒大家，你賺的錢都是自己的，所賺即所得，完全可以低調且豐盛的生活。

我自己非常喜歡一人公司，雖然主流吹捧的百人企業領袖才是成功典範，然而我對這樣的世俗觀念一笑置之。這些人也許過著豐厚的物質生活，但心中未必快樂，因為快樂的因素包括自由、無壓力及做自己，一人公司在自給自足的前提下，才是囊括最多因素的一種選擇。

我期待未來有更多不同性質的一人公司百花齊放，一起享受更自由、彈性的生活型態。但在開始之前，我建議先熟讀本書，才可帶著正確的心態啟程。

前言
從第零年開始準備

各位看到創業家意氣風發的樣子，是否曾經有「我也想試試看」或「搞不好我也可以」的想法？

那一刻就是「創業第零年」的序幕。

不過，如果是因為夢想住在高級住宅、滿身名牌、用黑卡血拚，並把討厭的工作踢一邊，過著不加班也不必應付人際關係的悠閒生活，一頭熱就想要馬上開始的人，請稍微冷靜一下。

我之前也有過這種妄想，因此體驗了一段如地獄般痛苦的時間。辭職後的第一年，因為新手運賺進兩千萬日圓（按：全書日圓兌新臺幣之匯率，皆以臺灣銀行在二〇二五年五月公告之均價〇．二一元為準），過上一段夢想中的生活。

當我陶醉在晉升成功人士的自滿中，卻在第二年與客戶合作出問題，生活一下子就跌到谷底。眼看著帳戶金額日漸減少，好幾次因為太缺錢，帶著五百日圓就前往超市，每次只購買一盒雞蛋和三塊豆腐；在西瓜卡（按：日本非接觸式儲值ＩＣ卡）儲值一千日圓都會覺得心驚膽顫。

人一缺錢，頭腦就無法冷靜判斷，我也曾熱中於參加高達數十萬日圓的自我開發課程，甚至聽信可疑的賺錢生意，導致負債八百萬日圓。

幸好我後來努力從谷底翻身，至今年收入超過四千萬日圓，才有幸寫下這本書跟大家分享。

回首創業路，當初我毫無準備就行動，所以一路走來荊棘滿布，對待工作也不是獨立作業的心態，以為延續之前的上班族模式就會順利。當初在創業第零年如果能夠做更多準備，或許就不會大起大落、一路保持穩定成長吧。

所以希望各位閱讀這本書時，能以我過去失敗的五年低潮期為借鏡。然而實踐本書的做法或許不會大富大貴，但也不至於遭遇嚴重失敗。在當今日圓匯率震盪劇烈的情況下，首先要避免的是——嚴重失敗。

無須一開始就把目標設定在年收入數千萬或數億日圓，但**唯有一點請大家注意：不採取行動就不會有任何改變**。正如「蝴蝶效應」，起先如同蝴蝶振翅的微小行動，說不定哪天會成就撼動世界的大事業，創業就是有無限可能性。

就算月收入只比現在多出五至十萬日圓，卻能讓你或你的家人對未來的不安感逐漸消失，初期能夠達到這種程度就好。如果還想賺得更多，等待機會來臨時，再踩下油門往前衝吧。首先請停止不切實際的妄想，先從目前力所能及的部分做起。

創業第零年的第一步即使只是一小步也沒關係，最重要的是朝著正確的方向前進！

第一章

心態致勝，資金其次

1 會不會成？做了才知道

首先跟各位講一件事，創業不需要什麼特殊才能，重點是——要有「莫名的自信」。

以我在創業補習班的學員為例，相信「自己絕對賺得到錢」的人都會穩定邁向成功，就算一開始沒賺到錢，有自信的人多花點時間耕耘，最終還是會獲得成果，這或許可以歸功於莫名的自信；反之，內心深處覺得「我果然還是不適合吧」、「反正我應該會失敗吧」的人，只是稍作嘗試，一遇到不順利，或是被對方討厭的情況就想放棄。

一旦創業就會知道，有時工作會忙到沒時間睡覺、與工作夥伴起衝突，甚至沒有工作可做，內心經常與無形的不安交戰。

在公司上班時，總會找到人協助或是幫忙處理，然而一旦開始創業，所有的責任都得自己扛。終究還是回到那句：「你相信自己做得到嗎？」

學歷、履歷、經驗和構想，即使沒有這些也可以創業，沒有人脈、沒有專業技能，無法八面玲瓏沒關係，也不需要優異的行動力和決斷力。**所謂的創業第「零」年，意味著即使所有能力為零也可以創業。**

根據我的經驗、身邊成功的例子來看，不只能力優秀的人，平凡、沒有傑出才能的人也可以成功創業。

那些活躍於媒體之間的創業家們，一開始也都是從零做起。我認為在創業的第零年，各位的能力和才能應該沒有多大差別。

舉 ZOZOTOWN（按：日本網路購物平臺）的創辦者前澤友作為例，他以前從事樂團活動時，同時在表演會場販售因興趣收藏的進口唱片和CD，而他獨特的眼光也深受好評。

於是他開始製作產品目錄，正式販售唱片和ＣＤ，甚至開公司販售自己喜歡的服飾，後來逐漸發展成ZOZOTOWN。其事業不是一開始就有構想，也沒有優秀的商業概念。我的事業沒有他那麼成功，創業特質也是零，但**我們的共同點或許是從一開始就相信自己的可能性**。

每個人都是特別的存在，如果你覺得「我沒什麼可取之處」、「反正我做不成大事」，請停止這種自輕自賤的想法。

當你覺得「我也做得到」時，幾乎所有事都可以成真。缺乏自信，往往是因為想創業但是沒有經營構想，或是不知道是否能順利的不安想法所造成。

自己是否適合創業？實際做了才知道，所有人也都有機會。而我要在這本書中，向大家介紹如何安全活用這個機會。

第零年的準備

我沒有創業的才能？比起才能，關鍵在於相信自己。

2 副業是準備創業的第一步

如果目前沒有任何準備就打算辭職，請稍等一下，這種行為簡直是自跳火坑。

以前創業確實要有跳火坑的覺悟，也需要資金，不過現在時代已經改變，可以採取各種方法，方法之一就是先從副業開始。

首先繼續待在公司，透過經營副業試一下水溫，等副業經營有成後再辭掉工作、正式創業，遵循這個步驟可以大幅提升成功率，而我也是遵循這個方法。雖說如此，當時的社會風氣是經營副業很不像話，所以我是瞞著公司偷偷進行，現在才可以坦白的說出口。

我曾在日立軟體工程有限公司（現為日立解決方案有限公司）擔任系統工程師，任職七年半。

我非常討厭每天要搭客滿電車上班，加上公司裡有難相處的主管和前輩，讓我覺得上班非常痛苦，每天過著憂鬱的上班生活，直到第三年出現了居家辦公的制度，不禁讓我感嘆，已經到了可以居家辦公的時代。

此外當時我得知，曾經共事的合作廠商接案工程師不用承擔責任，薪水卻比我多很多，讓我覺得「超不公平」，種種事情累積起來，我開始認真考慮辭掉工作、自己創業。

這時，剛好前述的那位工程師問我：「我有熟人在經營軟體公司，好像有缺人手。倉林先生如果有時間，要不要打個工？」我馬上接受委託，僅兩年就透過副業賺到一百萬日圓。

因此我開始產生可以獨立創業的自信，同時副業合作的軟體公司也表示「如果真的獨立創業，就交付一年的工作量」，於是我辭職開始創業。

之後就展開一段大起大落的經歷，詳情留待後述。

根據我的經驗，即使有馬上辭職就可以成功的自信，還是**建議身兼多職一段時間再考慮獨立創業**。

確實有些人是一時衝動辭職才開始考慮要做什麼生意，最後卻成功的案例。

不過，當事業不順、存款日漸減少，那種壓力根本難以想像，許多人甚至淪落到資金耗盡，只能同時打工勉強過活。

即使創業不順，如果還有後路的話則尚可承受；但如果沒有退路，勢必得花上一段時間才能回歸社會，精神壓力一定很大。

因此，斷掉後路是最後手段。**千萬不可因為討厭公司**、**人際關係不如意等理由而衝動辭職**。雖然上述是我創業的動機，但我還是當了數年的上班族。如果你開始對當上班族感到厭煩，不要當作辭職時機，不妨想成是準備創業的動機。

第零年的準備

副業和創業毫無關係？副業是準備創業的第一步。

3 陷阱不會出現在你害怕的地方

雖然我為想創業的人舉辦講座或是提供建議，但其實我也經歷過一段低潮時期。想當初創業之路很順利，年收入高達兩千萬日圓，之後卻在陷入困境時，誤信可疑的賺錢生意。

人一旦諸事不順、存款見底，失去自信的狀態下就無法正常判斷，可以說是人窮智短。以我為例，當時一起上自我開發課程的同學對我說：「有一個可以簡單賺錢的生意，倉林先生要不要加入？很賺錢喔！」我馬上回答「我要加入」。

這個生意是把電信業者提供的零日圓 iPhone 轉賣到中國。依各家電信業者規定，一個人最多可以辦十個門號，等於可獲得十支手機，若是以公司的名義簽約，可以辦幾十、幾百個，所以一個人大約可以入手五十支 iPhone，一支能以七萬日圓轉賣。

不過手機綁約的情況下，提前解約會被收取違約金，所以會產生部分費用。解約後再與不同電信業者綁約，又可以拿到免費的 iPhone 轉賣。

然而，重複這個模式一段時間後，我們突然遇到法律變更，iPhone 不能再以零日圓入手，這個生意就宣告結束，而留給我的是八百萬日圓債務。由於綁約超過五十個門號，月租費成為沉重的負擔，即使解約也得負擔違約金，我一下子就負債累累。

原本就是缺錢才做這門生意，所以根本無力還款，在收到好幾次催繳單，最終收到警告信件後，我才驚覺不對，趕緊聯絡負責此案的律師事務所，卻得到請一次償還的無情通知。我懇切的表示無法一次償還，才被允許每個月償還數萬日圓。之後我深刻反省，想盡辦法在一年左右還清欠債，並深切體會到世上沒有輕鬆賺錢的生意。雖然體驗過鹹魚翻身的滋味，但如果當初沒能度過難關，現在會是怎麼樣……。

經歷以上的切身之痛後，我想大聲告訴各位：「沒有輕鬆賺錢的生意！」創業慘敗的人共通點都是期待一獲千金，由於太想輕鬆賺錢，當誘惑上門時就以為是大好機會，反而掉入陷阱。

上網查詢創業的相關資訊時，我們經常可以看到一些講座或廣告，宣稱「成為人生的成功者」、「馬上月賺一百萬日圓」，千萬不要輕信這些資訊，因為十之八九都是可疑的講座或是投資計畫。許多為錢所困、極度厭惡現在環境的人，總想透過快速的賺錢生意擺脫困境，所以這類可疑的賺錢陷阱不會絕跡。

如果被可疑的賺錢生意騙走巨款，成功就更加困難，即使抱持著我才不會被騙的心情，也可能因為信賴的熟人相邀，像我一樣誤以為這應該很安全。請了解，踏實賺錢才是最安全且實在的生意。一開始就下定決心認真經營三年，除了能獲得顧客信賴，工作也會逐漸增加。

第零年的準備

覺得自己不會被騙？陷阱就是讓人意識不到才叫做陷阱。

4 沒有登山者一開始就挑戰聖母峰

東京電視臺的節目《寒武紀宮殿》中，曾介紹 NejiLaw 公司的社長道脇裕，他被稱為天才發明家，也是世上最早發明「不鬆脫螺絲」的人，捨棄以往的螺紋結構，創造出新式螺紋，讓一根螺絲同時適用於左、右旋的螺帽，且不會鬆脫。這個發明獲獎無數，雜誌也介紹道脇裕是世界知名的百大日本人。

然而，一開始卻沒有任何企業願意採用這種螺絲，理由是沒有實績。前所未有的創新螺絲當然沒有前例可循，因為沒有成績，即使是優質商品也不予採用，簡直是莫名其妙的世界。

二〇二一年，道脇裕與世界最大的鋼鐵公司美達王合作，他的發明才終於得以公諸於世，但也從二〇〇九年創立公司以來，歷經十年以上的不得志。

在日本，沒有實績、沒有前例就好像高牆擋在創業家面前，像道脇裕那樣堅持挑戰的人應該是少數。也有人拚命擠出創意，向投資人推銷創意、爭取資金，最後召集夥伴成立公司，他們經歷無數挑戰後，最終得以跨越高牆。不過，這需要運氣和行動力，並且同時具備長期等待成功的韌性和覺悟。

我們不是道脇裕那樣的天才，如何跨越高大的牆？我的回答是：「選擇能跨越的高牆。」以登山為例，沒有人一開始就選擇聖母峰吧？拿前所未見的事物做生意需要辛苦跨越高牆，但是拿既有的技術和知識做生意，所謂的高牆就相對較為輕鬆。

曾經有位踏入職場兩年的A小姐參加我的創業補習班，身為社會人士的技能、知識和經驗都是一知半解，而且她才剛跳槽，經驗值等於歸零，她很沒自信的告訴我「不知道自己適合什麼、有什麼強項」。這樣的A小姐，半年後憑著副業月賺五萬日圓，目前穩定的累積實績、籌備創業中。

我在創業補習班，會介紹如何註冊Coconala和Street Academy網站（按：日本的外包網站），活用自己的技能做生意。我的主業是數位廣告代理，所以我教A小姐如何製作數位廣告，並建議她在Coconala展示自己的技能。首先，我讓她從社群平臺臉書（Facebook）、Instagram（以下簡稱IG）等的圖像或影片廣告開始嘗試。

不過在Coconala中許多人都具備製作數位廣告的技能，想讓自己被選中沒這麼簡單。

但她不隱瞞自己是新手，且開價也相對便宜，於是第三個月慢慢開始有顧客詢問。我請她把顧客詢問的內容全部轉傳給我，再建議她如何回覆，結果第四個月就成功接到第一份委託。

如此一來，個人簡介的銷售紀錄不再是零，之後顧客看到就會放心的下單，作品慢慢累積起來，到第六個月就月賺五萬日圓。

她不是一開始就具備此技能，經驗完全從零開始，但是半年左右就做出成果。當今時代沒有特殊技能也能獲得成功，各位是否深有同感呢？

第零年的準備

都要爬山，不如鎖定高山？爬不上的山，要有勇氣放棄。

5 先累積十件小生意

看到前述A小姐的經歷，或許有人覺得：「一個月只能賺到五萬日圓嗎？」但是對零經驗、零技能的人來說，一開始有這種成果已經值得稱讚。實際經營副業就會知道，想要月賺數千日圓也不容易。很多人說零經驗、零技能也沒關係，然而實際上，幾乎沒有人想把工作交給沒經驗的人。即使在Coconala和Street Academy宣傳自己的技能，還是得經歷一段乏人問津的日子，甚至持續數個月之久。

即便如此，如果撐過無人理睬的時期，前方的路將逐漸展開。

我在創業補習班會建議學員，**先累積十件三千日圓的工作**。以新手來說，三千日圓的酬勞很剛好。站在委託人的立場，支付超過五千日圓給零經驗、零技能的人會覺得好貴；雖說如此，一千日圓又太過便宜。因此對新手而言，從獲利角度來看，三千日圓的酬勞較適當，委託人也會因為「三千日圓很便宜，就算是新手也無所謂」而交付工作。

不過接了四、五個委託後，很多人會因為這麼辛苦只賺到這些酬勞而感到灰心。有些人會試著找更賺錢的工作、甚至放棄副業，讓我感到非常可惜。

請思考一下，新手收取酬勞的同時還能累積經驗，這種好康要上哪找？一般來說是我們付錢請專家教技能，等技能累積到一定程度才開始接工作。但是在 Coconala 一開始就有酬勞，接到工作後，經歷會變成活生生的教材；完成十項工作的過程中，可以了解顧客的問題點，也逐漸學會如何妥善溝通。一開始在未知的工作中摸索，在了解工作的全貌後就會產生自信，工作也會變得頗有樂趣。

腳踏實地的做完十件工作後，即使調漲費用，委託還是會上門，獲利也會跟著增加。在創業第零年的準備階段，心態上就是不要焦急也不要灰心，踏實的做好工作就好。

無論如何都想賺到錢的話，可以去超商或餐廳工作，或是當 Uber 司機，但是須清楚，同時做兩份正職對體力和精神都是極大的負擔。

而在 Coconala 和 Street Academy 接案，只有工作上門時才需要處理，比較不會影響本業。不氣餒堅持下去，月賺數千日圓會來到數萬日圓，慢慢累積就會增加到數十萬日圓，走到這個階段就可以獨立創業。

千里之行始於足下，首先創造實績，一步一腳印播下創業的種子。

第零年的準備

創業最重要的是賺錢？經驗是錢也買不到的永久財產。

6 沒有人單靠「想」，走到終點

很多人說「創業前最好要制定商業計畫書」。許多補習班都是這樣教，相關網站也這麼寫。我只有一個建議：如果正在構思如何撰寫，請嘗試一下Coconala。

即使不嘗試Coconala，試試看在外包平臺接案或擔任Uber Eats外送員也可以，總之先體驗如何「單靠自己賺錢」，這件事遠比思考商業計畫書還重要。

或許你覺得「我現在有在工作」，但只要你是隸屬某個企業的員工，就不算是靠自己賺錢。任職公司會幫你安排崗位和分配工作，協助你提升技能和動力，也會視工作表現給予評價；而當工作出問題時，企業會承擔責任，你可能需要寫檢討報告、被降職減薪，但只要狀況不嚴重就不至於丟掉工作，而這就是受企業保護的證據。

出社會後，我們都覺得這樣的環境很正常，然而一旦創業，這些恩惠就會不復存在，必須自己找工作、沒有人幫你安排崗位，也必須自己提升技能和動力。一旦發生問題，全部都得獨自處理。建議大家儘早嘗試微型創業，體驗自食其力的生活。

如果創業者想向金融機構申請貸款，或希望創投公司（支援新創企業的投資公司）進行投資，便需要制定商業計畫書。因此對這些以正式創業為目標的人來說，前面提到的建議或許沒什麼幫助，因為想貸款資金，一定要成立公司，無論做什麼事業都要確實訂好計畫。

不過，即使是以正式創業為目標，建議還是先嘗試微型創業。因為只靠自己賺錢遠比想像中困難，除非你有足以取得專利的創新構想，否則縱使精心籌備數年的事業，也很難順利照著計畫走。

夢想著：「三年後年營業額〇億日圓！」這種機率搞不好比中樂透還低，與其把時間花在構思商業計畫書，不如實際掌握經營事業的訣竅，更能提升成功率。

「出現問題這樣處理就好」、「這樣做顧客會高興」這類真實經驗，在正式創業時也一定會派上用場，如果在過程中發現自己不適合創業，則可以及時放棄，說不定也會發現自己需要更多社會經驗。

總之，可以大致寫出自己想做的事，但是比起制定縝密計畫，立刻行動更重要。我在創業前沒有制定任何計畫，創業後也沒有後續規畫。如果有那些時間，不如多接一個委託，對未來的事業更有幫助。

第零年的準備

商業計畫書最重要？一百個計畫不如一個實踐。

7 世上任何主意都可做成生意

很多人小時候都曾製作捶肩券或幫忙券給父母當禮物吧？仔細想想，這就是創業的第一步——販售自己的技能。

「幫忙券」變成生意就是家事代勞服務。如果你在思考是否要為了創業去考張證照，其實大可不必。雖然也有許多事業需要證照，但是如果不需要的話，沒有證照也完全沒問題。

不用把創業想得很特別，先從調查有什麼類型的生意開始。不是在徵才網站調查「專業人士的薪水好高」，或「從年齡來說，這個工作很吃力」

等資訊，而是去接案平臺搜尋，你會發現有趣的事：其實世上任何事都可以變成生意。

比方說有製作動畫、簡報資料和承包會計業務等工作，相信各位也預想得到。但也存在把紙本和圖像資料變成電子檔，以及製作商務郵件和業務表格、製作食品標示的標籤、介紹市區內的好餐廳，和教導可以在宴會上表演的才藝等工作。

或許你會感到驚訝：「這麼不起眼的事也會變成生意？」但事實上有人便是靠這類委託賺錢。其他還有指導如何成為高球潛水員（到高爾夫球場水池回收落水球的工作），也有人專門代辦美國ＥＩＮ（雇主身分識別號碼）。

看到這些工作後，你對生意的概念應該會有所改變——不是只有已知工作能當生意，自行創造也是一種方法。理解這點後，自然就會思考可以做什麼。

如果有熟人在經營公司，你也可以詢問對方：「有沒有我能幫忙的工作？」如果對方表示「幫我輸入資料」，這項工作就可以成為生意。在Coconala 等接案平臺發布這項技能，或許可以接到案件。

我的創業補習班也有幾名學員表示：「我只有行政工作經驗，不知道能做什麼。」在 Coconala 也有人把代理行政業務當作工作，如同線上祕書。總之，如果有工作經驗就會具備相關技能，首先從目前的工作延伸尋找。

不過，運用人工智慧聊天機器人 ChatGPT，一下子就能把資料製作出來，也有許多軟體可以用來輕鬆自製影片，所以能挑戰以往沒做過的工作。當然，「教導如何運用 ChatGPT」也可以變成生意。

另外，在公司擔任業務的人，若只在接案平臺上寫「幫你跑業務」，可能不容易引起關注，但如果鎖定在「處理○○業界的業務」，一下子就會引起注目。世上幾乎沒有工作非誰不可，反過來說自己應該也有很多能做的事，而且很多人都需要幫手。了解工作有這麼多類型之後，大家應該開始蠢蠢欲動了吧。

第零年的準備

專業技能最吃香？不需要特殊技能，能當小幫手就好。

8 離開現有公司後，你就是路人甲

我的創業補習班有好幾名五十多歲的學員，其中一位學員在大企業工作且擔任高階主管，而他開始經營數位廣告的副業後，每個月便多賺五萬至十萬日圓。在世人眼中是人生勝利組，給人根本不需要做副業的感覺，但他卻出乎意料的表示：「沒打算辭掉工作，還要同時經營副業。」

當今時代變化太快，根本不知道未來會發生什麼事。你或許經常聽到公司催促五十多歲員工提前退休的故事，又或是如果與主管處不好可能會被降職，連東芝（按：日本跨國企業，以製造電子產品聞名）都摘牌下市，即使是大企業也不會永遠安穩。再者，若家裡父母變得需要照護，意外支出可能驟增，所以為了有備無患而做副業，在當代是一種「未雨綢繆」的做法。

但是創業的樂趣不僅於此，同時體驗獨立開創事業的快樂、以及一頭栽進未知領域的喜悅和感動，無論幾歲都讓人感到振奮。

任何時候創業都可以，不過如果退休後要從零開始，難度應該會非常高。退休人士確實有豐富的經驗和技能，正因如此，不禁懷疑他們是否可以在平臺上提供平價技能。對委託人來說，年輕人比較容易委託，遇到太資深的反而讓人遲疑。

稅務或法律顧問等專業領域，委託資深的人確實比較安心，但如果是「三天內做出影片」，行動力較強的年輕世代給人比較好配合的感覺。

許多人創業時以為之前的客戶一定會委託自己，**實際上「離開公司就是路人甲」，他們不會把你當一回事**。為了避免這種情況，早一點開始經營副業，事先累積更多經驗才是最穩當的做法。副業如果可以月入數十萬日圓，退休後馬上可以當成本業。

實際行動後，不是從第一年就會賺錢，通常會有一段低潮期，有才能的人或許一開始就賺大錢，但是多數人會經歷三年左右的低谷，才逐漸步上軌道，之後即使是一人創業，也可以達到年收兩千萬日圓的成績。

年輕時可以撐過這樣的低潮期，但退休後要忍耐這三年應該會很辛苦。好不容易撐到能夠賺錢的時機，身體和頭腦卻變得不靈光，不要說年收兩千萬日圓，搞不好賺到一千萬日圓就油盡燈枯，縱使年收能賺到兩千萬日圓，時間也非常短暫。

因此，即使目前沒有辭職打算，建議可以早點經營副業做準備，終有一天，將來的你一定會感謝現在拚命的自己。

第零年的準備

創業的樂趣是成功者專屬？體驗無風險創業的快感。

9 經驗不知道何時會派上用場

我在高中和大學都參加過合唱團，之所以熱衷於此，是因為國中時期，音樂老師常說我的聲音很好聽。

當我想著如果聲音是我的才能，應該妥善運用的時候，便在高中的入學典禮看到合唱團在臺上唱校歌，當下覺得真的好酷。

我的高中是男校，團內當然全都是男生，高中經歷讓我完全愛上合唱，大學還特地找有合唱團的學校，最後就讀於早稻田大學，在大學時也加入只有男生的合唱團（早稻田大學 Glee Club）。

當時合唱很受歡迎，ＮＨＫ電視臺和《朝日新聞》也會舉辦合唱比賽，我加入合唱團的時候，東芝ＥＭＩ（按：曾隸屬於東芝旗下唱片的公司，後整合於日本環球音樂）還販售大學合唱團的ＣＤ。順道一提，早稻田大學合唱團已有百年歷史，代表日本歌劇界男低音的岡村喬生、邦尼傑克斯男聲合唱團皆是校友，合唱團出身的ＮＨＫ主播也意外很多，擔任第七十四屆紅白歌唱大賽總主持人的高瀨耕造主播就是大前輩。

參加早稻田大學合唱團時，成員多達一百四十名，男聲合唱分成四部，我是最低音。我當時疏於課業，全心致力於合唱練習，就為了一起合唱時的那份感動，只要想到自己也是曲子的一分子，就讓我深有感觸。我在大四時擔任低聲部負責人，為了統合三十人的低聲部，我試了很多辦法，大家的表現有好有壞，有些人記不住曲子、有些人一下子就不來練習。

某種程度上我不會管自動自發的人，偶爾關心一下即可，問題是要照顧那些跟不上進度的人。對於已經半放棄，覺得「反正我就是沒有才能」的人，我會加以鼓勵並且給予個人指導，督促他們提升到一定水準。

以前在公司上班時，我幾乎不會在眾人面前講話、沒有栽培後進的經驗，也不太與周圍的人交流；而現在上課，就是活用了當時合唱團時期的經驗，當班內出現中途想放棄的學員，我常常鼓勵他們：「你都已經努力到這裡了，放棄的話好可惜。」

現在回想起來，我在合唱團得到的寶貴經驗在各方面都有發揮作用。我不是想自誇，而是想告訴大家，**經驗不知道何時會派上用場**，也根本沒想過自己會當講師。

創業時常見的煩惱是不知道自己要做什麼，因此我建議大家不妨多方嘗試。

比方說開設關於時間管理或如何與部屬溝通的講座，也可以接案製作簡報資料，先嘗試自己可以做到的事，再從中鎖定適合自己和最賺錢的工作就好。

要是一開始只鎖定單一目標「我要開麵包店」，一旦生意不順，衝擊就會很大，又或是每天做著麵包，但後悔的想：「當初如果有先培養興趣就好了。」

創業第零年期間是用來尋找之後數年或數十年能做的生意，請多方嘗試各種工作，利用現在有利的環境，把握住測試自己可能性的好機會。

第零年的準備

經驗分「有用」和「沒用」？任何經驗都是寶物。

第二章

從零到年收入一千萬日圓

STEP 1

沒有客人上門，怎麼辦？

創業後年收入可以賺多少錢？一開始也許只能賺到數萬日圓，沒多久就可以達到數百萬日圓，順利的話也可以賺超過一千萬日圓。

以我為例，在創業第一年，由於之前就有往來的客戶提供大量的工作給我，所以年收入高達兩千萬日圓。

我以為之後也可以穩定賺錢，客戶卻在第二年中止合作，營業額一下子掉到兩百萬日圓，並且往後將近五年的時間都維持在一樣的數字。如同前述，我在那段低潮期也參與了可疑的賺錢生意。

之後我從谷底往上爬，直到創業第十一年，年收才再度超過一千萬日圓，第十三年時，我的年收達到四千萬日圓。但事後想起：「如果當初不要得意忘形，更加的腳踏實地付出努力，應該就可以平穩的賺到一千萬日圓。」

因此，這一章我要向大家介紹如何從零賺到一千萬日圓的步驟。

雖然每個人的情況大相逕庭，但是進度快的人，大概創業第五年就可以穩定賺到一千萬日圓。即使花上十年也不要焦急，之後就會順利成長。

創業的第一步，就是上一章提到的微型創業。一個月賺數千日圓也好，如果不嘗試，金錢和經驗也不會增加。

一位學員參加我的創業補習班，並且利用微型創業，第一年就穩定月入十萬日圓，一年就是一百二十萬。比起投資股票，這似乎是更安全、可靠的方法。也有學員第一年月賺數千日圓，但第二年就月賺四十萬日圓，再過一段時間就可以獨立創業。

這兩位學員都在上一章介紹的 Coconala 經營副業，只要抓到經營平臺的訣竅，收入就可以順利增加，其方法留待後述。

與其說這兩位學員有特殊才能，不如說他們的個性都不排斥踏實的工作，像這樣的人就會平穩的邁向成功。

創業最重要就是克服「沒有客人上門」的不安，想克服這種想法，需要「莫名的自信＝相信自己的能力」，和面對負面情緒的韌性和耐力。

當餐飲店沒有客人的時候該做些什麼？這很重要。如果只是發呆想著客人怎麼都不來也無濟於事，應該要想辦法宣傳。在Coconala的話就是檢討商品的呈現方式，其中有非常多改善的方法。

新手時期能不能前進下一步，取決於累積了多少扎實的經驗。能夠自己獨立賺錢時，便會感到雀躍。而接到許多訂單，也會感受到成就感，體驗這種成就感就是創業的第一步。

第零年的準備

沒客人的時候要做什麼？不要怕沒客人上門。思考問題，改善對策。

STEP 2

不斷改善，就能漲價

豐田汽車以「改善」聞名，不過，這個概念不只可運用在大企業，個人的改善也很重要。剛開始接到的每一個案件，都可能會面臨大變動。像是與委託人溝通不順利，或成品無法讓顧客滿意，都必須修正改進。經過不斷改善，工作的準確度和水準也會隨之提升。

假使你以往處理一件工作需要耗費一週的時間，就試著改進為五天內完成；如果從事數位廣告的工作，那就專注在提升品質；或與顧客溝通時，比以往更細心周到。

經過一點一滴的改善，顧客的滿意度會隨之提升，回頭客會變多，新顧客也跟著增加。過不了多久，相比起其他同業，顧客會更願意選擇你。到了這個階段，就可以調漲價格。

雖說如此，如果以往都是以三千日圓接案，一下子暴漲成三萬日圓的話，應該不會有人買單，因此最好每次都些微上漲一千日圓。

而當一開始是以三千日圓接案，你通常會想馬上調漲價格，但我建議**設定十個委託為一個區間，並維持相同價格，以利累積經驗**。在持續改善和調漲價格的過程中，工作技能和經驗值也會有所進步，此時你會覺得創業或許可行。另外，當某項技能可以賺到一定程度的報酬後，就可以考慮增加其他技能。Coconala 上很少有人只貼出一項技能，幾乎都會登記多個項目。

微型創業的過程中，由於逐漸了解哪項技能會賺錢，和哪項技能不太賺錢，正式創業時就會知道自己該選擇什麼工作。如果有一項技能幾乎接不到委託，就表示沒有市場需求，請果斷放棄並轉換跑道。因為是微型創業，失敗也沒什麼關係。
總之請多方嘗試，找到屬於自己的創業致勝模式。

第零年的準備

改善和漲價是兩回事？改善與漲價須相輔相成，才能通往成功。

STEP 3 專業者和業餘者的差別

關於「拚命」這個詞，容易讓人聯想到毅力、咬牙硬撐，而這，在創業中是重要的關鍵。

當你完成前面提到的第一、二階段，便已經累積了許多經驗。這時第三階段，如果大量接案到再接下去就會累倒的程度，技能就會飛快提升。

拿棒球當比喻，第一階段是透過慢跑和重訓鍛鍊肌肉；第二階段是透過揮棒和投球提升基礎能力；等到第三階段實際上場時，大量出場才能培養「比賽手感」。

以量取勝，就是透過大量工作以提升速度和品質，如此一來形成良性循環，委託也會越來越多。

如果你一直維持工作少的狀態，當然累積不了經驗，技能也無法提升。經驗少的話工作無法增加，單價就漲不上去，情況便會持續低迷。

能否實現年收一千萬日圓？在這個階段提升工作數就是關鍵所在。

有些人想在不勉強的情況下增加工作，但我覺得抱持這種想法或許有些天真，一旦創業就免不了勉強一下自己。

舉個例子，假如顧客要求：「請在三天內完成這個影片。」如果因為得熬夜三天所以做不到而回絕，委託人只會另尋他人，之後或許不會再找你合作。

除非本業繁重，不然只是熬夜的話，我建議還是把工作接下來，等工作完成再大睡特睡就好。

如果你是業界權威或是沒有競爭對手，對方可能願意等待超過三天，或者即使這次回絕，對方下次還是會找你合作。但是對於剛創業沒多久的人來說，根本不知道有沒有下次機會，社會競爭激烈，即使需要勉強一下自己，也不要放過機會。

專家和業餘的差別就在條件的嚴苛度。

專家由於時間、勞力、成本和高品質的要求，自由度相對不高；業餘由於沒有這些條件限制，就能盡情發揮創意。

既然在Coconala刊登技能收取酬勞，那就相當於專業人士。如何在嚴格的條件下做好工作？這是身為專家的功課。為了滿足條件只能靠熟練，想熟練就只能花很多時間完成大量工作。

但是不要擔心，不會未來數十年都得工作滿檔，當累積穩定的客源、又在相關領域確立地位，這時調漲價錢也不遲，如此一來即使委託變少，營業額還是會增加，放慢工作步調也無妨。

我目前花一至三個小時做數位廣告工作，且睡眠時間九小時，白天偶爾與妻子去打高爾夫，但我花了五年才達到這樣的生活模式，之前每天都被工作追著跑。

據說比爾・蓋茲（Bill Gates）剛創立微軟時，也有一段時間曾在公司過夜，埋首於工作，但這似乎是創業家的宿命——咬牙堅持的過程會換來日後的平步青雲。

第零年的準備

過勞對肌膚有害？創業第零年的辛苦，在日後都會得到加倍回饋。

STEP 4

利用社群平臺打造專業形象

現在有臉書、IG、X（前稱推特〔Twitter〕）和YouTube等許多社群平臺，可以用來發布訊息、宣傳。當完成第三階段，工作穩定、能順利接案後，請挑戰發布資訊。

「雖說要發布訊息，但不知道要寫什麼」的人，到第三階段為止應該已經接了不少工作，也被委託人問過很多問題。不要想得太難，把這些相關問題透過社群平臺傳達出去就好。

比方說，可以將「如何測定廣告效果？」、「每個月更換廣告是不是比較好？」等問題的解答，分享在社群平臺上。有相同疑問的人就會感興趣，很容易因此得到新的委託。

現今光有好商品還不夠，販售者的形象也會影響銷售表現，因此在社群平臺也要重視好感度。

不過，一味的宣傳生意反而令人覺得可疑，偶爾發一些展現好感的貼文，可以讓人產生親近感。我是那種不講話會讓人覺得害怕的人，所以旅行時只要看到挖臉的拍照立牌，我一定會拍照再上傳到社群平臺，而這樣做會讓人覺得我很有趣，女性也較願意參加我的創業補習班。

同時，我也會分享自己超喜歡雞蛋，並且一天會吃十顆。我會把出差時看到的雞蛋三明治、當天吃的雞蛋料理等拍照上傳。如果每天發文可能招致反感，但偶爾發文會讓人莞爾：「倉林先生又在吃雞蛋了。」甚至有些朋友很期待我的貼文，如果我貼出沒有雞蛋的餐點照片，有時會被吐槽「沒有雞蛋」！

在社群平臺分享愉快的旅行經驗和自己熱中的愛好，偶爾展現出私底下的一面，有助於提升好感度。

其實也可以透過電子報發布資訊，但是一開始的難度應該很高。由於須具備一定的篇幅和深度，才能讓讀者滿意，因此不妨先透過社群平臺吸引固定讀者，等待題材備妥時再做嘗試。

以往許多人會製作自己的網站或是寫部落格，但現在很多人都透過社群平臺聯絡，所以不需要在網站上花費太多心思。與其花錢精心設計網站，其實透過免費網站發布即可。

當你持續在社群平臺分享資訊，久而久之就會被認為是相關領域的專家。不是有了人氣之後才行動，從一開始就要努力引起關注，讓世人知道你的存在。建立良好的專業形象，委託就會增加，所以發布資訊十分重要。

第零年的準備

網路推銷和宣傳等事業上軌道再說？創業前就要開始行動。

STEP 5

製作教材和電子書

實踐第四階段後，差不多是時候脫離只依賴委託工作的循環。我的意思不是把工作歸零，而是減少工作量，把目標放在創造自己的商品上。

接下來的階段就是製作教材，以傳授至今的自身經驗。所謂教材，指的就是小冊子和影片。即使目前覺得「沒有開設講座的意願」、「沒有意願教別人、不想為人師表」，由於不知道教材何時會派上用場，建議可以預先製作以備不時之需。

以往創業是透過媒體和出版著作來打響知名度，接著才舉辦演講和講座傳授經驗。但現在即使還沒大獲成功也有機會舉辦，如果在網路上經營順利，甚至可以直接變成本業。

現在小冊子可以透過客製化少量製作，不需要耗費大量金錢。但是原稿和封面等資料需要自行準備；另外，也可將這份資料製成電子書販售，簡直一石二鳥。

製作電子書和教材時，我建議以自己的心路歷程為主題。

以我為例，我在創業後曾陷入五年低潮期，所以在講座中經常有人問我是如何從谷底翻身。實際嘗試創業和副業的人難免會遭遇人生低谷，因此每個人都很關心該怎麼重新站起來。

我將如何從谷底翻身的心路歷程寫成小冊子，結果收到讀者表示：「我在閱讀完後，得到了勇氣。」難得的經歷也很適合當作教材，比如因為處理過很多客訴，就可以將這些經驗整理成「客訴應對法」。

本業的經驗也可以當教材，身為培訓部屬的主管也有很多工作經驗可以傳授，如員工教育、建立團隊、共享企業理念和策略的方式等，應該有很多人對這類知識感興趣。

銷售自家商品的相關知識也可以變成教材，像我會把如何製作數位廣告的圖像、撰寫廣告標語，以及廣告的投放技巧等知識製成新手適用教材。

要訣是不要一次性全介紹完，每項技能都要各別製作，比方介紹如何製作圖像，就以製作圖像為主題編製教材。也就是把自己的技能拆解販售，原則上任何工作都可以拆解。

專家無意識的完成工作，在新手看來都會好奇：「那是怎麼辦到的？」例如運用 Excel 處理文書工作時，使用函數可以快速計算，但是新手根本一無所知，有些人甚至連函數是什麼都不知道。此時光是介紹「Excel 的 SUM 函數用來求數值總額、IF 函數用來設定條件加以分類，一起記住代表性的七個函數」就可以達到教學效果。

請記住，**無論多小的技能都可以當成商品販售**。

小冊子和影片可以拿來發給顧客，日後舉辦講座也可以當作小禮物。

如果你想販售，小冊子的建議售價含運費大約一千日圓，影片則是三十分鐘約三千日圓，讓有興趣的人可以輕鬆購買，電子書或許可以更低。

製作教材和電子書不是為了獲取利益，而是拿來當贈品或是吸引買家變成顧客，所以請把賺錢考量屏除在外。

在網站上展示這些內容有助於讓顧客了解賣家，進而爭取到委託。

第零年的準備

寫書和講座等事業成功再說？自我宣傳與成功是兩回事。

STEP 6 推出高價商品的時機點

在相關領域取得一席之地，或是講座教材和電子書達到一定的銷售量後，生意來到穩定成長的階段，就可以考慮製作高價商品。

有別於第五階段的小冊子和影片，此階段指的是發展成諮詢服務和講座，單次費用可安排十萬日圓起跳。

至今的經驗所學，全都可以成為商品的主題和材料。

由於已經達到專家等級，可以分享的東西很多，也擁有眾人好奇的知識，應該很多人都願意花費高價求取。如果在第五階段學會自我宣傳，打造出人氣講座絕非夢想。

而尚未累積經驗成果就想創造高價商品販售，這是比較常見的盲點。創業第一、二年都還算是新手，這個階段即使拚命推銷「頂級業務員的銷售祕訣」，也極少有人願意向創業新手高價購買商品。

假設真的有人購買高價商品，你能夠給出相應的知識嗎？如果你舉辦講座，卻無法妥善回答聽眾的提問，評價馬上就會降低，聽眾可能會抱怨「收費這麼貴卻只有普通知識，好想退費」。收費低的話，聽眾或許只覺得「因為便宜，所以程度只有這樣」，然而要是收費高昂，難免就會產生怨言。

現在只要在社群平臺出現負評，馬上就會傳播出去，一旦名譽受損，就很難維持生意。所以不要急著撲向眼前的利益，先建立實績再說。

與其在缺乏知識經驗的狀態下勉強製作高價商品，不如先累積知識經驗。經驗累積越多，自然就知道要提供什麼知識，也會知道世人的需求是什麼。累積夠多的知識經驗，就可以用高價商品取勝。

推出高價商品的時機點，就是顧客反映：「有沒有更高價的商品？」、「可以給我建議嗎？」、「你有舉辦講座嗎？」的時候。**時機點不是由自己決定，「等對方有需求」才是適當的時機點。**

當顧客無法滿足於平價商品，就會開始期待付出高價或許會得到更寶貴的資訊。到了這個階段就無須煩惱攬客問題，可以著手準備。

還沒有人提出這類需求就表示時機尚早，這種情況可能是在第四階段出了問題，沒有發布訊息或是宣傳方式不佳，導致沒有知名度，自然不會有需求。要積極透過臉書和ＩＧ發布訊息，讓大家知道自己是相關領域的專家，慢慢的就會有人前來求取高價商品。

另外，特意創造的高價商品，當然希望能夠長久販售。因此，絕對不要忘記提供售後服務。

舉辦講座的話，就告訴參加者講座結束後，如有任何問題歡迎隨時詢問，並給予及時回覆。如果同一位參加者多次諮詢，可能讓你覺得「好想收諮詢費」，但是建議一開始就算吃虧也要堅持一下。

前三場講座的顧客尤其重要，如果他們滿意就會口耳相傳，顧客自然就會持續增加。

此外，參加者的後續發展也可以成為「before & after」（按：分享上課、諮詢前後改變的經驗，製造反差效果）的實例。

在我的創業補習班的學員如果成功創業就會成為我的招牌，公開這些成果就會吸引更多參加者，一旦形成這種良性循環，年收也會持續上升。

第零年的準備

有知名度就可以馬上推出高價商品？出現需求再推出。

STEP 7

業績停滯？問自己三件事

創業沒有所謂的退休，只要自己想做，持續到幾歲都可以。不過，創業不管經過多少年都不能忘記一件事——不能停止自我成長。

只要停止成長，生意就會開始衰退，顧客遲早會離開，即使賺到年收一千萬日圓，也會逐漸減少，為了避免這種情況，請留意下列幾點：

1. 調漲價格

創業到營業額穩定上升的階段後，建議開始考慮調漲價格。

在第二階段也提到不斷改善和調漲價格的重要性，而到了第七階段，更應該正式調漲價格，即使是相同商品，只要技能和經驗值提升，價格自然也會上升。在這個階段，費用就算調漲數萬、數十萬日圓也無妨。對於新顧客，就讓他們用調漲後的價格下單；比較傷腦筋的是老顧客，應該很難開口對他們說：「下個月開始要調漲價格。」

如果事先告知「半年後我們會調漲價格」，不僅比較好開口，對方也有心理準備，調漲價格同時代表提升服務品質，只要告知顧客「我們會提供這麼多服務，相信能讓您滿意」，想必可以取得對方理解。當然，面對老顧客時也可以暫時不漲價。

配合顧客的需求進行改善，再調漲成合適的價格，商品就會持續升級，也會不斷獲得顧客。

2. 莫忘初心

累積的經驗越多，遭遇的失敗也越多。

有一點要提醒大家，經驗多了就容易鬆懈，很容易出現大失誤，在此分享我的失敗例子：數位廣告工作上軌道後，我每天會向顧客報告「在臉書花的這些廣告費，昨天獲得多少瀏覽量」。一開始採取人工統計，一個案件大約花費十五分鐘，好幾個案件就要花費數個小時，由於數字出錯會很麻煩，所以需要耗費大量精力，常常感到疲勞轟炸。

某次我大約一週都沒有提供報告，顧客因此勃然大怒，最後與我解除契約。報告廣告效果也是業務的一環，也難怪顧客會有這種反應。

這個經驗使我深自檢討，後來我活用之前當系統工程師的技能，開發了一套系統，讓報告在每天早上六點都自動發送。

3. 提高生產力

持續提高工作效率，同時提升服務品質，生產力也會跟著高漲。

例如，將顧客常見的問題製成影片或ＰＤＦ檔，也是一種效率化的做法。相同問題出現時，只要對顧客說：「針對您的問題，請看這份解說。」

並將預先製作的資料交給顧客參考，就可以減少逐件回覆的困擾。省下來的時間拿來開發新生意，還可以進一步增加營業額。

雖然到這個階段為止需要花費許多時間，但只要中途不放棄、不搞錯每個階段的步驟，任誰都可以年收超過一千萬日圓，甚至可以賺到三千萬日圓。

第零年的準備

安於現狀？停止成長就會開始衰退。

第三章

我從上班族時期就開始準備

1 每天都要前進，只有半步也可以

想創業成功當然得先創業，但是實際行動的人卻不多。

許多人因為想創業來到我的創業補習班，但結果是有半數的人，因為本業變忙等理由中途放棄。

其中有兩成的人本身非常努力，三成的人經過我的鼓勵付諸行動。我的創業補習班透過視訊會議軟體 ZOOM 進行，週六有五個小時的主要講座，平日晚上有一、兩個小時的補課，這段期間大家可以自由參加，但如果學員發言逐漸減少、變得很常缺席，過不了多久就會退出。

貫徹始終從來不是一件簡單的事。

但堅持到真正創業不需要特別方法。重點是每天都前進一點點，一點一滴的堅持做準備，就算花上許多時間也一定會成功，一天一步，有困難的話半步也沒關係。

最簡單確實的方法，就是在上班族時期，確保每天空出一小段創業準備時間。對創業滿腔熱血時，會想安排一整段時間認真準備，比方說集中在週六和週日，但是通往成功之路是長期抗戰，衝太快搞不好只能持續一個月左右，「這週好累，下週再做吧。」的結果就是逐漸停下腳步。

每天安排十五分鐘作為準備時間即可，這個習慣會讓結果截然不同，首先只要十五分鐘，短一點五分鐘也可以。

一開始從上接案平臺，瀏覽、分析其他人的頁面即可，接著思考要刊登什麼內容或是試著接一件委託，把時間花在微型創業的相關事物上，就可以逐步前進，原本打算花十五分鐘，結果卻變成一小時的情況很常見，無須在意。

為規畫出十五分鐘的準備時間，我會製作一日時間表把時間視覺化。

我使用的是Google日曆，並在時間表大致寫上與顧客開會、個人工作和通勤等安排。對一般人來說討論和會議時間會寫進時間表，但不會把移動時間也寫進去。然而，如果不填移動時間，會讓計畫表好像很有餘裕，當把計畫都填進去時會發現時間根本不夠用。另外，馬上完成的事我不會寫進時間表，但如果需要花上三十分鐘，即使是工作以外的事，我也會在時間表寫上類似「在宜得利購物」等項目。

當你完成時間表後，就會發現時間意外很少，於是開始思考如何安排時間。例如稍微精簡待辦事項、利用通勤時間工作，或是優先處理耗時的內容，如此一來就更容易空出創業準備時間。

盡可能為了創業準備先預留十五分鐘，再安排其他行程，早上十五分鐘或晚上十五分鐘都可以，排在自己方便的時間就好。如果心想有時間再做，很容易變成「今天好像沒時間」就不了了之，所以每天先訂好十五分鐘再調整其他計畫。

或許有人覺得「想馬上看到成果」、「每天只前進半步，太慢了」，但是一步登天的例子真的非常稀少。

腳踏實地的逐步前進，狀況就會一點點改變。重點是即使只有一小步也不怠慢，持續努力才能往前邁進。

第零年的準備

創業夢遙不可及？今天的半步會帶你走向成功。

2 從今天開始，光明正大的準時下班

大家都知道時間就是金錢，但對創業家和上班族來說，這句話的意義截然不同。

上班族如果工作進度延遲，加班可以多賺加班費。我之前當系統工程師時，也會刻意多加班一個小時賺取加班費，而且以當時的風氣來說，比起準時下班，加班才是重視工作的表現。

不過，一旦創業就沒有工時卡，即使花再多時間工作，營業額也不一定會增加；反之，如果能夠縮短工作時間，就可以多接委託提升營業額。

也就是說，**上班族延長工作時間可以多賺錢，創業後卻是精簡工作時間才能營利。因此，創業後能否提高生產力是影響成功的關鍵。**

如果打算創業，在上班族時期就要養成高效工作的觀念，第一步就是盡可能準時下班，執行有困難的話就比平常早一個小時下班吧。

即使因為工作太多而加班，但運用技巧，便可以少加班一個小時，善用訣竅是創業家的命脈。

例如，製作資料需要花很多時間，那就事先準備好範本，資料不要從頭做起而是使用ChatGPT，這些技巧都可以縮短作業時長。或是要求自己三十分鐘內結束這個工作，也可以加快作業速度。準時下班才有時間經營副業，逐步做好創業準備。

根據經濟合作暨發展組織（Organisation for Economic Co-operation and Development，簡稱ＯＥＣＤ）在二〇二三年十二月發表的數據顯示，日本的勞動生產力（每工時所創造的附加價值）是五十二．三美元，在ＯＥＣＤ三十八個成員國中排第三十名，相較於去年下滑兩名，是一九七〇年以來最低排名。另外，日本人平均每人的勞動生產力在成員國中排第三十一名，也是一九七〇年以來最低排名。

與其他國家相比，日本生產力低下的原因是長時間勞動和缺乏工作效率。回顧自己當上班族時，原本可以早點完成的工作，我也經常慢吞吞的拖到加班，由於周圍的人也習慣加班，於是我也不會刻意提早完成工作準時下班。以這樣的心態去創業一定會後悔。

創業後我深刻體會到一件事，沒有人會鞭策自己。我一直想提高生產力，可是自從在深夜也可以工作後，生產力反而停滯不前。

由於沒有人督促行程和工作，我開始變的懶散，一開始覺得沒人管、沒人監督很輕鬆，直到工作趕不上進度才開始焦急。

人遇到危機才會想改變，為了創業後不吃苦頭，在上班族時期就養成提高生產力的習慣是最好的解決方法。生產力提升後，副業的工作效率也跟著提升，簡直是一石二鳥。

創業後，各種問題都必須自行面對和解決。因此，如果你還是上班族，當你已經做完該做的工作，即使遭受白眼也要光明正大的準時下班，未來才能獨當一面。

第零年的準備

總是在意別人的看法？準時下班是提高生產力和心理素質的訓練。

3 更認真的對待本業

以下是根據我的慘痛經驗所得出的建議。

萌生創業念頭後，我瞬間覺得到公司上班很痛苦，同時因為身體欠佳經常請假。後來大家開始給我輕鬆的案子，或許只是我的錯覺，漸漸覺得自己好像變成累贅，於是心中冒出「我真沒用」、「我都在扯大家後腿」的想法，種種壓力不斷累積，導致上班越來越痛苦，創業準備也毫無進展。

通常離職時，公司會舉辦歡送會，我離職時卻只有三位同事相送，連主管也沒有來。

反正「都要辭職，就算了」、「明明工作了七年半，好唏噓」當時我的心中百感交集，以至於無法乾脆俐落的離職，直到現在回想起來還是會心存芥蒂。

因此，我想特別強調——請認真對待本業。首先做好現在的工作，再擠出時間經營副業，本業副業兩不誤。

妥善完成本業的工作就不會產生壓力，也可以集中精神準備創業；輕忽本業除了拉低自己的評價和薪水，也會影響周圍的人。

我邊上班邊經營副業時，每當工作延遲或出錯都會給公司帶來困擾。在公司裡，主管和同事會給予援助，而當我不再是團隊的一分子，才意識到自己的行為對工作整體帶來多大的影響。

我討厭公司卻不討厭工作，所以對工作的認真度也在持續提升，如果更早具備這樣的觀念，或許我可以愉快的為公司奉獻到最後一刻。

身為上班族時無法做出實績，即使創業也不會有什麼作為。從這個角度來看，**其實本業可以提供很多學習機會**。

我認識的人當中，有人曾經創業後又回到公司上班。當他還是上班族時就去過很多創業補習班，知識和技能都比我豐富，之後他自己開設創業補習班也招到很多學員，事業上大獲成功，舉辦的講座是三個月收費三十萬至五十萬日圓的高額課程。

可是創業補習班卻沒能持續經營下去。如果沒有定期舉辦，即使有一次性的大筆業績，下個月也可能毫無收入，劇烈的落差讓他吃不消，雖然在我看來很可惜，但最後他還是扛不住壓力又回到公司上班。

一開始即使承蒙大家捧場，商品和服務都賣得很好，但如果沒有好好維繫與顧客之間的感情，就沒有第二次機會。第一次賣得好就自我滿足，沒有思考如何延續，顧客一下子就會跑光。

像前例那樣創業不順又回去當上班族，如果跟公司是好聚好散，應該可以順利回去，進入相關產業也不至於覺得尷尬。

認真對待本業，與現在的公司保持良好關係，就是最佳的避險做法。

第零年的準備

目前工作順利嗎？現在工作遭遇的問題，創業後也一定會再次發生。

4 連比爾・蓋茲也需要人生導師

蘋果（Apple）創辦者史蒂夫・賈伯斯（Steve Jobs）在自傳中提到，自己曾經是臉書（現在的 Meta）創辦者馬克・祖克柏（Mark Zuckerberg）的人生導師。在賈伯斯過世時，祖克柏也曾在臉書表示：「感謝賈伯斯曾經擔任我的人生導師。」

而賈伯斯有一位每週都會見面交流的人生導師——威廉・坎貝爾（William Campbell），他曾擔任美式足球教練，且不只賈伯斯，坎貝爾還是谷歌創辦人賴利・佩吉（Larry Page）、謝爾蓋・布林（Sergey Brin）

和臉書的首席運營長雪柔・桑德伯格（Sheryl Sandberg）等人的人生導師。他運用獨特的教練技巧，引導矽谷的著名經營者們走向成功。微軟的創辦者比爾・蓋茲也在演講中表示：「所有人都需要人生導師。我們需要提供建議的人，正是因為接受他人建議，我們才會成長。」

正如比爾・蓋茲所言，不只矽谷的創業家，所有人在遇到困難或迷惘時都需要一位可以商量的人。

一旦辭職創業就會變成孤單一人，每天獨自作業、煩惱和決策，承受超乎想像的孤獨感。

所以，在公司裡尋找人生導師吧。比自己年輕或年長都可以，公司裡若有無話不談的人，創業後也可能成為提供建議的好夥伴。如果公司裡沒有這種人，就到公司外找。

以我為例，我有一位比我早一年離開公司、獨立創業的主管，他就像我的人生導師。工作能力不但很強、協調能力也好，很受人尊敬，而且他在資訊科技領域獨立進行系統開發，是我追隨的榜樣。

還在公司時我就覺得他很厲害，於是經常找他搭話。原本到大學為止我都討厭讀書，開始閱讀也是受到這位前主管的影響。

工作上如果可以得到一些想法或是其他面向的建議，應該就不至於出現致命失敗。剛創業的時候，有人指點也會有所幫助。

如同前述，我在創業後收入增加，花錢也變的闊氣，錢一下子就消失不見。我透過花錢抒發壓力，那時前主管提醒我：「你買東西的方式有點危險，要趕快停止。」我才開始收斂。後來我雖然陷入五年的低潮期，但如果沒有前主管給我的忠告，搞不好我已經破產。**有人生導師相伴的優點：**

- 提供精神支持。
- 可以成為理想榜樣。
- 避免誤入歧途。
- 煩惱和迷惘時可以徵求建議。
- 為自己加油、給予鼓勵。

至今我仍然接觸各種人，持續尋找可以在生意上當榜樣的人生導師，為此我一年花費大約五百萬日圓。目前有一位約六十歲的經營者會給與我精神上的建議，他創業時貸款兩億日圓，經歷破產後，由於投資順利靠著被動收入生活，多虧他在生意和事業上給我精神支持，我的營業額才能夠快速回升並維持穩定。

人沒有這麼堅強，遭遇挫折或是捲入大麻煩時，甚至是順風順水的時候，如果有人從旁提點、勸告，就可以常保平常心。

第零年的準備

沒有人生導師也沒關係？創業後不能沒有人生導師。

5 趁還在公司時多學

在公司工作時，你可以領著薪水免費學習各種技能，所以創業前要盡可能妥善利用，一旦離開公司獨立創業，基本上什麼事都要自己做。無論是調整行程、開會，甚至是製作資料和文件，通通都要自己來，除了主要工作，還要處理會計等行政工作。

因此，工作的必要技能，比方說提高效率的方法和省時技巧，最好在離開公司前就學會。如果同事或主管的工作能力很強，可以向他們學習。

遇到很會製作資料的人，可以請教他：「你做的資料都淺顯易懂，你是如何製作的？」或許他會分享自己是使用什麼方法；另外，直接詢問對方：「你工作都很快完成，有什麼訣竅嗎？」對方應該不至於覺得反感。

公司裡優秀的人才很多，趁著還在公司時盡量多學，日後就會派上用場。我之前就對各種工作技巧很感興趣，在公司上班時，就經常向同事或前輩請教：「這個是怎麼做的？」

但我後來才知道這個行為的真正價值。創業後我發現，**學習各種工作技巧不只可以省時，請教對方擅長的事物時，他的內心也會非常喜悅，彼此的距離也會縮短。**在公司裡，參加講座或閱讀商業書籍以提升知識時，若想向他人請教，只要說句：「我請你吃飯，可以請你教我嗎？」往往就能獲得協助。

此外，向有能力的同事請益，這個行為關係到創業後的攬客和銷售。因為像這樣與對方拉近距離的行為，與一對一面談一樣。所以向人請教也是在練習如何與人拉近距離，這在創業後是必備技能。

不只名人和頂級精英，我們也可以向身邊的人學習。但如何接近工作傑出的人？如果不嘗試就不知道。上班族由於有同事和前輩這層關係，確實會比陌生人更容易拉近距離，請把請益當作訓練，開口嘗試看看。

公司內部如果有學習會或講座，為了學習工作法也應盡可能參加。目前你或許覺得與我無關，但是搞不好這些資訊，某一天就會派上用場。

除了工作知識外，還有放鬆心情和穩定情緒、與主管和顧客打好關係的方法等，只要多方吸收知識，就會變成自己的養分。

重要的是——透過周圍的人和工作以此學習工作法，與其透過書本和影片，向實踐中的人學習才是最佳的選擇。

第零年的準備

學習只能找權威或專家？保持彈性思考，任何人都可以是學習對象。

6 培養致富思維

在創業補習班上課，就會知道創業該做什麼準備和安排，也會比較有概念，而且參加創業補習班的學員都有相同目標，彼此可以成為切磋琢磨的好夥伴。

這也是直接向成功人士學習致富思維的好機會，自己喜歡的創業家如果開設創業補習班，請一定要嘗試參加。

不過，既然參加創業補習班就不要消極被動，應該貪婪的從講師和同學身上汲取知識和經驗。

有些人已經付錢上課卻沒有堅持下去，或是聽課後沒有任何行動，都很可惜。上課期間可以嘗試同時經營副業，因為毫無行動就等於白花錢。但如果沒有喜歡的創業家，請參考下列要點選擇創業補習班：

1. 講師是否可信賴

請確認講師有無經營事業、豐富的商業經驗，或學員創業成功的實例？如果講師沒有這些實績，你應該學不到什麼東西。不知名的講師可能會偽造成績，所以一定要上網查詢相關評價。講師的經歷是否符合講座內容，這點也要加以確認。

2. 創業補習班的內容是否符合自己的需求

為什麼去這家創業補習班？請思考是否確實符合自己的需求。如果你明明還沒創業，卻選擇適合已創業人士的補習班，或是已經創業卻選擇準備階段的補習班，這麼做都是在浪費錢，沒有任何意義。

3. 有無諮詢服務

有不懂的地方或遇到問題時，講師可否提供諮詢服務也是重點之一，創業補習班如果沒有這項服務，就沒有什麼參加價值。

不妨用榨乾講師的心態參加創業補習班吧！在我擔任講師的「Tamago Camp」裡，最後成功創業的都是善用講師的人，當你懂得積極諮詢，就會朝著創業之路穩健邁進。

選擇創業補習班時，許多人會上網查詢創業補習班和講師的評價再做決定。

當查詢結果出現「○○補習班是詐騙？」、「考察○○補習班是否真的能賺錢」等標題時，請大家多加留意。很多人會想點進去看內容，但是最後往往出現「請加入我的社群或訂閱電子報，可得到更多有用的資訊」。這是利用他人補習班進行攬客的手法，這些內容首先就不能信任。

以輕鬆賺錢為賣點的創業補習班有時會暗藏詐騙，某些創業補習班或講師甚至訴訟纏身，請大家務必小心。

此外，我不建議同時參加好幾個創業補習班，這會讓你頭昏腦脹，容易半途而廢。

參加創業補習班後，覺得講師的話很有道理就馬上行動，仿照成功者的思考方式和知識，邁向成功的時間得以大幅縮短。

第零年的準備

參加創業補習班毫無意義？是否能活用，全取決於自己。

7 誰會需要你的商品？

行銷就是為商品和服務制定一套銷售模式。創業後，我才體認到行銷與創業息息相關，一旦創業就必須自己想辦法銷售商品和提供服務，即使不製作商品，而是用技能換取金錢，還是須思考銷售模式。

以前我在公司上班時，單趟通勤時間是兩個半小時，因此我會在電車上埋首閱讀商業書籍，閱讀數量累積了三百本左右。所以，當我自認為已經學會行銷知識時，實踐起來卻另當別論，不禁後悔創業前沒有多加鍛鍊行銷力。

我建議即將創業的各位，透過三種訓練養成行銷思維。

像學騎腳踏車，不會的人即使透過閱讀和影片理解相關的方法理論，也不可能馬上就學會。實際騎上腳踏車，用身體記住感覺才可以自由駕馭。

1.思考：「誰需要這項商品？」

平時在廣告、電視節目上，或在商店看到商品時，試著思考：「誰需要這項商品？」、「這些潛在客戶會出現在哪裡？」以及「如何讓他知道商品的資訊？」不必太認真想，建議像玩遊戲一樣，養成思考三十秒的習慣就好。

要點是以自己應該不會買，或是通常會忽略的商品來訓練。例如：「誰會想購買過熟、有黑斑的香蕉？」、「誰會需要十顆要價超過一萬日圓的雞蛋？」

乍看誰都不想要的東西其實也意外具備商機，學習從各種角度思考，可以鍛鍊行銷思維。

2. 回想付錢時的心情和行為

一直猶豫要不要買的東西，最後決定「買吧！」的時候，自己是如何思考才行動的？請逐一回想看看。

舉個例子，在臉書廣告看到感興趣的商品，經過猶豫後決定購買，請回想自己在決定購買前做了哪些行動、決定購買的因素是什麼。

流程可能是：從臉書連結到販售商品的網站確認，並在瀏覽顧客評價的同時也比較其他商品。當猶豫不決的時候，看到「現在購買打七折」的促銷訊息，於是前往結帳頁面。

回想這一連串流程，就會知道人在什麼情況下會想要花錢。

3. 調查自家公司的行銷策略

自家公司是用什麼方式銷售商品？這也可以作為行銷參考。經常聽到業務員抱怨自家的商品賣不好，那為什麼賣不好、怎樣才可以賣得好，嘗試分析也是一種訓練。搞不好商品本身很好，問題出在銷售方式。

持續這三種練習，經過半年後，可以實際感覺自己的變化。即使不花大錢參加高額講座，每天的鍛鍊也可以充分養成行銷思維。

重要的是，對於「原因」、「理由」和「如何做」持續抱持疑問。

第零年的準備

你是否每天都腦袋空空？每天練習可以養成行銷思維。

第四章

有些事，你得刻意不做

1 善用接案平臺

前面幾章談到，創業一開始可以利用 Coconala 等平臺刊登工作。

這裡推薦幾個可以刊登技能的平臺（按：僅適用於日本，臺灣類似接案平臺為小雞上工、Tasker 出任務、Case+ 外包網、PRO360 達人網、哈利熊 HoliBear、Yourator 等，收費標準與規則依照各平臺為主）：

1. Coconala：適合初期創業

Coconala 是把自己的**技能變成商品交易**的委託平臺，最適合創業新手。

平臺刊登的技能非常多，從占卜到傾聽抱怨都有。

Coconala 會評鑑賣家等級，根據銷售實績和買家滿意度分成五項，分別是「一般」、「銅」、「銀」、「金」和「白金」。銷售實績達十件以上，完成率超過八〇％就是「銅」等級。

我在創業補習班的學員也有人取得等級「金」和「白金」。當等級提升，信賴度就會上升，訂單因此而增加，收費也可以調高。這個平臺很適合磨練技能和累積經驗，新手也可以從中獲得自信。

2. Street Academy：適合有點經驗的創業新手

Street Academy 是**媒合教與學**的學習平臺，以線上或面對面教學的人為對象。

在第二章中，提到單純接單遲早要移轉到教學，但剛創業的新手要馬上使用 Street Academy 的難度很高，不過如果先到 Coconala 累積一定程度的技能，再到 Street Academy 累積教學經驗，如此循序漸進，能力就會持續提升。

在 Street Academy 上，講師經驗淺的人如果收費高就招不到學員，但是隨著經驗累積也可以提升收費金額。

這個平臺有傳授一般技巧的講座，像是教導說話方式或是製作簡報資料，也有「如何打造適合政府機構的講座」、「提升自我肯定感的方法」和「時間管理術」等講座，運用自己能教學的技能就可以開設講座。

雖然也可以透過 YouTube 公開教學影片，但是 Street Academy 畢竟是收費平臺，內容過於普通的講座會被淘汰。從錯誤中不斷學習如何打造人氣講座，一定可以累積相當的實力。

將來有意走教學路線的人，不妨嘗試利用這個平臺。

3. CrowdWorks、LANCERS：適合已累積一定創業經驗者

兩者都是媒合工作的知名平臺，LANCERS 是日本最早提供群眾外包服務的平臺，但是目前以 CrowdWorks 為主流。

這兩個平臺主要是由企業和團體發包工作，應徵者被選上就可以承包工作，也可能透過競標決定。與 Coconala 和 Street Academy 一樣，也可以讓人刊登技能並進行媒合，但是各領域的專家眾多，創業新手應該很難接到案件。基於難度較高，因此收費也比 Coconala 和 Street Academy 昂貴。

建議先在 Coconala 和 Street Academy 累積經驗，再利用這兩個平臺自行應徵感興趣的案件鍛鍊實力。

可以把自己的技能變成商品的平臺非常多，有些適合創作者和專業人士，有些可以讓家庭主婦利用空閒時間賺錢。找到可以活用自己技能的平臺，並試著刊登，這就是創業第零年的第一步。

一般來說，這些平臺都可以免費註冊，各家平臺都會說明刊登方式，只要按照說明填寫資料就可以註冊和刊登。在 Coconala 和 LANCERS 連刊登的服務名稱都得自行思考、命名，所以必須想出足以吸引委託人目光的名稱，這部分可以參考其他販售實例眾多的賣家。

至於取名要訣，重點是一眼就能理解。例如像「三天內做出向經營者報告的簡報」等名稱。

另外，在任何平臺上只要商品售出或是委託人和賣家之間交易成立，都會收取手續費，因此商品價格要設定成能獲利的金額。

第零年的準備

你知道哪些技能平臺？根據經驗做出合適選擇。

2 避免應付心態

關於這點前面已經提過，但是很重要所以再次說明。

創業第零年，首先從**「確實」提供三千日圓的商品開始**，特別強調確實，是因為很多人容易敷衍了事。

假設是三萬日圓和三十萬日圓的工作，大家都會認真對待，但換作是三千日圓就會覺得比超商打工還少，心態上容易變成「應付一下就好」。

用這種態度工作就沒有下次機會，顧客也不會幫你介紹客人。若其他人能以相同價格提供一樣的服務，顧客就會另尋他人。

一開始不是以賺錢為目的，重點在於累積經驗，以這種心態接案，只要有委託上門就會心懷感激。

三千日圓、三萬日圓，甚至是三億日圓的商品，販售時的心態都須一樣。無論價錢多少，販售商品賣的就是「信用」。

提供高價商品時如果服務不周，一下子就會失去信用，但這點對於便宜的商品來說也一樣，甚至可以說越便宜的商品就越容易失去信用。

我也曾經瞧不起工作，然而討厭上班所以創業，這個動機本身就是一種輕視。由於創業初期業績高達兩千萬日圓，讓我一度覺得賺大錢很輕鬆，所以搬到日本東京的代官山車站前、月租四十萬日圓的高級住宅，自以為已經躋身成功人士。

可是，曾說「創業的話優先找你合作」的客戶，與我的關係逐漸惡化。對方起初還按照講好的價錢合作，後來經常連報價單都不看便要求：「可以算我半價嗎？」甚至連不是由我負責的工作都推給我，最後我決定與對方停止合作。

當時我只與該家公司合作，因此契約中止時，我的工作瞬間歸零。原本以為很快就會找到下一間合作公司，卻期待落空，錢變得越來越少，最後只能搬離高級住宅回到老家。

但我到現在才了解，當初會跌落谷底就是因為太瞧不起工作。在業績大幅下滑的困頓時期，我也沒想過放低姿態爭取工作，反而一味尋找輕鬆賺錢的方法，才會誤信可疑的賺錢計畫。所以我深自反省，並且想大聲告訴大家，**不要瞧不起工作，也不要挑三揀四，先做再說。**

即使一開始是三千日圓的工作，也要當作好像收到三倍酬勞，給出超乎預期的成果，顧客就一定會回流。如果只當作收到兩倍酬勞，感覺有些不夠力，所以請當作收到三倍的酬勞，充滿熱情的完成工作。

舉製作數位廣告為例，初期階段就要向委託人提出第一版，詢問對方：「這樣如何？如果有想修改的地方，隨時可以告知。」這樣做可以讓對方產生認真工作的好印象，也可以多製作幾個版本供顧客挑選，修改兩到三次後完成優於預期的成品，顧客就會再次委託。

此外，不是一下子就接十件案子，要一件一件接案，完成後再接下一件，這樣的步調最合適。尤其處理一開始的兩、三件案子時，可能還不得要領，會多花一點時間，甚至可以先暫停接其他案子。

花費三到六個月完成十個案件後，就可以加快接案的步調。工作熟練後效率會提升，收費也能逐漸增加，工作將變得越來越有趣。

第零年的準備

只專注於大案子？小任務如果敷衍了事，重要的工作就輪不到你。

3 想做≠會成功

如果可以搭乘時光機，誰都可以變成大富翁——回到比特幣和蘋果公司股票剛發行的時候投資，未來就可以成為有錢人。

我原本以為創業家都很有創意，喜歡新事物、善於開創，還會研發創新商品。但我不擅長思考創意，也沒有研發創新商品，最後還是成功創業。

姑且不論那些擁有天才創意的人，現在的我覺得**做自己想做的生意≠成功的生意**。

創業講座經常建議「把自己想做的事變成生意」。做自己想做的事業又能獲得成功確實很美好，但現實沒有這麼容易。變成生意是一回事，以此維生又是另一回事。

我們想做的事往往不符合市場需求，無法讓顧客開心付錢，即使自己覺得「這樣的買賣模式好有趣！」、「這個絕對會熱賣」，但通常只是自我滿足而已。我曾經開發自認為很好的服務，但是整整兩年完全沒有顧客上門。其實菜鳥想出來的點子，往往是「很少人願意付錢買單」的生意。

這些現實的話可能會讓各位覺得失望，我在創業補習班也時常提醒學員「能賺到錢再做想做的生意」。既然這樣，該選擇什麼生意才好？我的回答是，有需求的生意。

所謂有需求的生意，就是會有人問你「這個你會做嗎？」、「請教我這個」，相當於我付錢請你幫我做，這就是可以賺錢的生意。有需求的生意大致可以分成三種：

- 現在有需求。

- 未來有需求。
- 過去有需求。

其中最強的是第二點：未來有需求。因為競爭對手是零，可以完全獨占市場，但是未來有什麼需求很難預測。

關於第三點的「過去有需求」，是即使被說跟不上時代也不會改變的生意，且這種生意還不少。由於已經有不少人做這類生意，所以競爭者多、獲利機會少，幾乎賺不到錢；關於第一點的「現在有需求」，是不需要才能、誰都能做，因此相對簡單。

最理想的，是接近未來有需求的項目，選擇這類項目就會大受歡迎，但也須注意，太前衛的話會乏人問津。

我過去在低潮時期，有一位熟人對我說：「倉林先生熟悉資訊科技，可以麻煩幫我做數位廣告嗎？」於是我迎來轉機。當時數位廣告還不普及，但剛好就是接近未來的時機。

其實，我雖然熟悉資訊科技，但是對數位廣告卻是外行人，考慮到當時非常缺錢，我還是硬著頭皮接下這份委託，之後拚命學習才總算完成這項委託。

那是一個預算五至十萬日圓的線上教材廣告，最終幫客戶賺到四億日圓的銷售額。對方非常高興，表示之後還要合作，同時其他人知道廣告是我做的，也紛紛來接洽。從那之後我的業績快速回升，營業額超過一千萬日圓。

根據我的親身經驗來看，沒有需求的生意確實很難成功。

自己主動創造工作也可以，但是當被問到「那是什麼」、「有實績嗎」就得加以說明，非常耗時耗力。因此，不如一開始就配合顧客的需求提供服務，工作會逐漸增加且多樣化，賺錢也變得相對容易。

如果沒有人找你委託工作，你可能會不知所措。這種情況下不妨到接案平臺，瀏覽正在徵人的案件或是受歡迎的工作，那些就是有需求的生意。

第零年的準備

你是否一味的著眼於未來？發掘眼前的顧客需求吧。

4 開創「代勞生意」

最近「代辦辭職」服務蔚為話題。坦白說，這項服務完美抓住顧客的需求。剛開始工作的人很難提出辭職請求，或是資深員工雖然在公司年資很長、人際關係也不錯，但要開口辭職總覺得過意不去。如果他們想離職，就可以利用這項服務。

先不論這項服務優劣，這的確是非常切中顧客需求。由此可知，代勞生意的創業成功率很高。

家事代勞、代駕和會計代理，代理服務的項目五花八門，據說還有充當喜宴賓客的服務，扮演家人或朋友的賓客會對你說：「恭喜！」

說到底，農業和漁業原本就是代替他人種菜和捕魚的工作、零售業是代替消費者進貨並販售的工作，餐飲業則是代替客人製作料理。從這個角度思考，任何事情都可以請人代勞。

創業不知道從何開始的話，不妨先考慮這項工作。

思考代理什麼工作會受歡迎，從過程中就會得到生意靈感。例如，現在有一群人被稱作「購物難民」（譯按：居住在偏遠地區或身體機能衰退，難以維持日常購物的人群），如果幫他們代購物品應該會很受歡迎。

Coconala和CrowdWorks上的案件也是代勞生意居多，這類生意不太看重實績和經驗，新手也可以輕鬆嘗試。「希望有人幫我製作簡報」、「希望有人幫我彙整數據」、「希望有人幫我發送商業郵件」，誰都有想請人代做的小工作，而這些業務都是生意。

「教導如何建立臉書帳號」的技能也可以變成生意，這對平常就在使用臉書的人來說，根本不是什麼特別技能，但對於不擅長資訊科技的人來說，他們對此一竅不通。如果有人教導如何建立臉書帳號和發文，就會願意付錢學習。

有些人可能會想：「這種事情查詢一下就懂了吧？」但不擅長的人連這種事都辦不到，因此用一千至三千日圓販售技能，就有很多人願意買單。

不過，這等於是販售自己的時間和技能，許多四、五十歲的資深老手會面帶難色表示：「這麼麻煩的工作我沒辦法。」確實，資深老手更願意包攬整個會計工作，好好賺一筆錢。

但是從創業領域來說，創業初期與應屆畢業生一樣，要從基層做起。無論宣傳自己多麼資深，在顧客不了解你具備多少技能時，就不會花大錢委託。

先從小工作做起，讓人知道自己有多少能力、是否值得信賴，之後才會有大工作上門。為了讓人認可自己的技能，還是從代勞單一技能做起。

我們也有機會幫身邊的人代勞工作，「我可以幫忙輸入資料」、「我可以製作企劃書」、「我可以幫忙購物」，告訴對方自己會做的事，說不定就能成功接到工作。

如果擅長寫文章，可以代理的工作種類就會豐富許多。一人創業且擅長說話的人會透過 YouTube 發布資訊，但似乎多數人都不擅長寫文章。如果幫他們把影片內容轉換成文字後，整理成電子書出版，或是幫他們代筆撰寫部落格，這類工作應該會很受歡迎。

首先從「稍微繁瑣的工作」做起吧。

第零年的準備

過去的豐功偉業和經驗很重要？比起過去經歷，現在的信用是第一順位。

5 我的接案標準：無痛勝任

雖然前面提到「要選擇有需求的生意」，但是即使再怎麼有需求，絕不想做的工作建議還是不要接觸。

常常有人以為：「自己想做的生意建議不要做，那最好做自己不想做的事。」然而，這不是我想表達的意思。

不想做的事情無法長久持續，這樣的生意當然行不通。比如，不擅長科技的人就無須從事數位廣告工作，挑戰可以勝任的領域才能長久維持。

心態上不情願，就會影響工作品質，顧客也會感受到你的不滿。花錢卻得到失望，這對雙方來說都不是好事，也會讓自己的評價越來越差。

雖說如此，如果是「做得到卻很麻煩」的工作，我建議可以嘗試，由於其他人可能也會有相同想法，這種生意就有機會成功。

判斷的基準在於——能否無痛勝任，麻煩但不痛苦的工作也許意外適合自己，「無痛勝任」也是一種才能，即使本人沒有自覺，也可能做得比周圍的人好。

為了清楚選擇，首先把絕對不能做的事劃分出來。

與其用自己的好惡、擅長與否當作判斷基準，不如根據自己的良心決定哪些事絕對不做，如違法行為、違反倫理行為、社會行為等，心裡就會有明確的界線。只考慮自己的利益，一不小心就會越界，所以一定要決定好哪些事是萬萬不可接觸。

撇開以上的事，其他工作都可以嘗試看看。

我本來沒打算替他人代操數位廣告，因為我以為需要一整天都得黏著電腦，實際上卻與之前所想的截然不同。讓我實際感受到做了才知道。

如果是不善言辭的人，就沒必要勉強做推銷，但只是稍微不擅長，嘗試看看也不是壞事。連續劇和電影經常上演這種橋段：勉強做著不擅長的工作，最後得到顧客肯定，漸漸覺得工作很有意義。現實生活也是如此，無論多麼討厭或不擅長的事，只要有人欣賞認可自己，就會覺得苦盡甘來。

為了避免沒嘗試就討厭，可以試著做兩、三次，萬一真的不適合自己再放棄就好。

此外，「獨立創業後，不想做的事可以通通不做」這種想法太極端。如果你認為待在公司，不想做的工作也不得不做，但是創業後所有工作都可以自己選擇，只做自己想做的工作就好。對此我想說的是，這個世界沒有這麼仁慈。

賺錢養活自己其實比想像中困難，無法讓你挑三揀四。除非在相關領域擁有最出色的實力和能力，否則難免遇到不得不做的工作。

可以賺錢的話，有些工作還是該乾脆的接下，這些經驗絕對不會白費。

第零年的準備

你做的事有越界嗎？其實老天都在看。

6 比起創業，撤退更難

許多經營者表示，比起開創新事業，撤退更困難。看到知名電子製造商陷入赤字的新聞，有些人可能會想：「電視都已經落伍，趕快把工廠收起來不就好了。」實際上沒有這麼簡單。

至今投入的成本如果無法回收，會遭受股東抨擊，而且企業不能隨意辭退員工，也須考慮工廠是否能順利出售等，各種巨大的問題累積起來，比起馬上決斷，不如拖延還比較輕鬆。

即使是獨立經營生意，撤退也沒有這麼簡單。

如果初期沒有投資，覺得不行或許可以馬上撤退，但要是租了辦公室，也花錢架設網站，那就無法輕易放棄，或是為了取得證照花了不少錢，就更難放棄。

因此，創業前期，選擇可以馬上開始和立即撤退的生意才能放心。

舉個例子，如果要開一家咖啡店，初期投資就要花費將近一千萬日圓。開店除非從開店第一天就高朋滿座，否則要回收初期投入沒有這麼簡單。開店後客人不來也不能隨意關店，還得支付水電費和租金等支出，前進是深淵，撤退也是赤字地獄，只好每天咬牙苦撐。

但不妨換個角度思考，咖啡店生意可以從咖啡烘焙做起。購買小型的中古烘焙機，用一坪的小空間，成立一家賣咖啡豆的商店。現在還有多家餐廳共用的雲端廚房（按：沒有實體店面、內用空間的線上餐飲業），初期成本可以控制在數十萬日圓。

可以先販賣咖啡豆，並請顧客試喝，常客增加後再設置內用空間，之後逐漸擴大經營，不但可以把風險壓到最低，即使經營不順，損失也不至於造成巨大打擊。

創業第零年的鐵則，就是從小規模開始嘗試才不會遭遇大失敗，撤退的條件也可以事先想好。

比方說，認真經營六個月，狀況不理想就收業。

很多人深信一旦開始就必須持續下去，這其實是錯誤觀念。生意不順利的話，一直拖下去也只是浪費時間和金錢，果斷放棄再嘗試新的事業還比較有建設性。

目前，生成式ＡＩ（按：可以製作全新內容和想法的人工智慧，像是ChatGPT）漸漸深入日常，生意形式也變得日新月異。因此花兩年時間開發的商品已經沒有競爭力，想販售什麼商品就要盡快製作樣品推向市場，觀察反應後再決定是否正式開發。

Instagram的前身是名為「Burbn」的定位社交App，由於市面上已經有很多類似的程式，所以使用者人數一直沒有成長。但開發團隊後來發現用戶很常使用相片分享功能，於是將其定位為以「分享照片」為主的程式，並以 Instagram 為名重新推出，之後就風行全世界。

總之先做再說，不行的話就馬上撤退，現在的生意就是需要效率。利用不花錢就可以迅速開始和結束的接案平臺，找尋自己可以大展身手的生意吧。

第零年的準備

一開始就想做大事業？高報酬伴隨著高風險。

第五章

創造顧客回流的口碑

1 比專業更重要的事

所有生意的重點就是——如何增加回頭客。

如果所有顧客僅合作第一次就沒下文，沒多久就會撐不下去。想讓顧客回流絕對少不了溝通，像我一樣從事和資訊科技相關工作的人，總誤以為：「只要有技術，就算溝通不良也沒關係。」但這個想法只適用於在公司的時候。

一旦創業，再怎麼不擅長溝通都得學習此技巧，尤其是 Coconala 這類接案平臺，由於競爭者眾多，如果對顧客態度不佳，評價馬上就會下降。

我也時常告訴學員**比起學習新技能，不如先鍛鍊溝通能力**。

許多想創業的人，都以學習新技能為第一優先，所以開始閱讀書籍、學習或是聽講座，為此花費許多金錢和時間。其實手上現有的技能，足以應付眼前的需求，我們應該關注的是得體的溝通能力。

接案平臺就是很好的練習場所。

收到顧客的詢問或委託時，首先在第一時間回覆「謝謝您的來訊」，並在開始工作後對顧客報告過程和進度。萬一無法如期交件，一定要提早知會顧客。多花心思在這些理所當然的溝通上，就可以給對方留下良好的印象。

某次我與創業補習班的女性學員談話時，她表示已經在 Coconala 上有多次接案經驗，但是一直無法提升接案數，於是請教我的意見。

我請她大略描述顧客給了什麼樣的回饋，她說好幾名顧客表示：「因為是女性，感覺比較親近所以才委託。」以下是我的推想：顧客或許曾經把工作委託給男性，可是留下不愉快的經驗，所以期待女性可以提供更細心體貼的服務。

因此，我建議她在個人簡介中強調「會以女性的角度貼近顧客的需求」，除了可以吸引有相同需求的顧客，應該也能提升回流率。

有時候對方的真實想法就隱藏在一句話裡。請細心留意對方的話語和郵件內容，確實捕捉對方的需求。

當對方說：「如果可以儘早完成那就太好了。」不妨開口詢問：「方便的話，可以請問您這麼著急的理由嗎？」說不定對方會樂於告知緣由。

當人感受到關懷就會很高興，信賴關係也因此建立。一開始不妨直接詢問顧客：「為什麼找我合作？」持續累積回饋的資訊，慢慢就能抓到顧客的需求。

身處目前的職場也可以鍛鍊溝通技能。如果有人對你說「這個工作就麻煩你了」，不要只回答「好的」，可以進一步了解對方為什麼委託工作給自己、對自己有什麼期待；或者詢問對方：「這個案件我必須負責的部分是什麼？」、「為什麼把工作委託給我？」或許就會得到過去沒有意識到的回答。當清楚對方的期待後，只要將對方的期待作為目標去達成就好。

如果真的不擅長溝通的話，或許可以找擅長溝通的人合作，但是在平臺上接案仍得獨自應對。與其一開始就放棄溝通，不如多少學習一些溝通的技巧，會讓你在各個方面更加得心應手。

第零年的準備

不擅長溝通？溝通能力可以透過鍛鍊進步。

2 養成頻繁確認的習慣

成功創業家的共同點就是具備頻繁確認的習慣，這也是創業成功所需的溝通術。

有些人認為過度聯絡顧客很麻煩，或是覺得失禮，但絕對沒這回事。顧客其實一直擔心工作是否確實按照指示進行、會不會傳達錯誤或是進度是否順利，所以頻繁的聯絡才會讓顧客安心。

比方說，有一種工作是把訪談和會議的錄音內容轉成文字。在接案平臺上有些人會事先確認需不需要去掉贅詞，所謂去掉贅詞，指的就是除去錄音中的「這個嘛……」、「嗯……」等與內容無關的多餘部分，實施這類步驟也會影響作業方式和成效。至於更細節的部分，如檔案格式是Word還是text、直書還是橫書，第一次合作時先確認會比較保險。在顧客指示前就先主動確認，會讓對方產生認真工作的印象。

習慣事先確認工作目的和對方的期望，可以避免出現溝通斷層和不符期待的問題，修改次數也會減少，最終圓滿的完成工作。

根據著名的**麥拉賓法則**（the rule of Mehrabian），如果把人與人交流時取得的訊息設定成一〇〇%，對方的語言訊息占七%、聲音的大小和語速等聽覺訊息占三八%、對方的肢體動作和表情等視覺訊息占五五%。**如果語言訊息只能傳達七%，當然需要頻繁確認和提醒**。

關於確認的習慣，可以從創業第零年就開始培養。「在幾月幾日幾點前必須完成呢？」、「不清楚的部分應該請教誰？」在職場承接工作時，一定要連細節都確認清楚；被委託製作資料時，也要確認「要用於什麼目的？」、「大概要製作多少頁數？」、「有需要注意的地方嗎？」

工作做久了就容易疏忽細節，但只要養成勤加確認的習慣，就可以防患未然。出問題後再爭論誰對誰錯只是徒勞，為了維持良好的關係，請養成頻繁確認的習慣。

還有一件事需要經常做到，那就是「致謝」。

收到顧客的款項時，我一定會發送致謝訊息。任何工作從結束到收款，中間都會有一段空白時間。我在發送「這次非常感謝您」的道謝訊息時，往往會收到顧客回覆：「對了，我有一個案子可以委託你嗎？」，新的工作機會因此上門。

致謝訊息不用寫得冗長，只要一、兩行即可。即使如此，發送致謝訊息會讓顧客對自己的印象大加分。

之前擔任企業研習講師時，我在對方匯款後發送「非常感謝您，今後也請多指教」的致謝郵件，對方竟然很熱情的回覆我一封長信，內容表示：「沒有人會發送致謝郵件，但是這很重要對吧。」那是一間大公司，研習講師也很多，但是似乎鮮少有講師會發送致謝訊息，所以像這樣的小細節都會讓人印象深刻。

由此可知，比起專業技能，溝通能力的好壞更會大幅影響結果。

「委託那個人時感受不太好」如果讓顧客留下這種印象，或是讓對方覺得不愉快，就不會有下一次合作的機會，反而變成致命傷。雖然這些都是小細節，但是慢慢累積起來就會產生信任，以此獲得顧客回流。

第零年的準備

交代清楚就沒事了？「頻繁確認」是溝通的基礎。

3 天下武功，唯快不破

經營副業時，如果商品讓顧客不滿意，評價下降也是沒辦法的事，但絕對不能因為回應太慢導致負評。

創業第零年，即使沒有厲害技能，也能靠回覆速度取勝。

面對顧客洽詢要馬上回覆：「謝謝您的聯絡」或「謝謝您購買○○的商品」，即使無法在數分鐘內回覆，兩、三個小時內答覆也會讓人覺得很迅速。

及時回覆會給人認真工作的印象，有利於顧客回流。

關於這點，我也曾在Coconala中委託工作，所以非常了解。第一次交易時，完全不知道對方是誰、也不知道何時才會收到回覆，內心充滿壓力。下單當天如果沒有收到回信，對賣家的信賴度就會下降，會擔心是不是郵件沒有送達，白白耗費許多精神。這樣的賣家會讓我不想再次合作。

不需要馬上給正確的答覆。如果需要花點時間考慮，簡單回答一句話就好，如「真的很抱歉，我現在有點事情，晚一點再與您聯絡」、「我思考一下，請您稍等」。一開始就迅速回覆，也會讓對方比較安心。

如果等待超過二十四小時，顧客就會有顧慮：「搞不好不會回信了吧。」所以我建議以二十四小時為標準，盡可能在當天給予回覆，從日常就養成好習慣。

工作效率高的人也許一看到郵件或訊息就會馬上答覆。

但是，如果在手邊有其他工作時閱讀郵件，通常會想等忙完再回覆，但之後就得再看一次內容，等於耗費兩次工夫。因此在合適的時間集中回覆郵件，可以減少浪費時間。

本業處理郵件時如果也著重迅速應答，副業就能延續這個好習慣。另外，若事先知道自己哪些時段無法回應，就可以在簡介欄位說明「平日白天還有其他工作，會在晚上七點以後聯絡」，或是在第一次洽談時告知，當對方了解狀況後，才不會因此擔心。

處理副業的郵件時，原則上固定回覆「感謝您本次購買商品」即可。

我之前在電視上看到，日本 IoT（Internet of Things，物聯網）企業 Photosynth 的社長河瀨航大提到運用電腦的註冊單字功能，可以加快打字速度。

所謂註冊單字，一般是把常用單字和轉換較為麻煩的單字註冊到範本中，但是河瀨社長註冊的不是單字而是常用文句。

例如只要輸入「承蒙」就會出現「承蒙您的關照，我是 Photosynth 的河瀨航大」；輸入「謝謝」，就會出現「謝謝您的聯絡」；輸入預設的關鍵字，就會出現「昨晚承蒙您邀請聚餐，非常感謝。能夠一同享用美食共度寶貴時光，我打從心底致上謝意」。

這些文句組合起來，兩百字的郵件大約九秒就可以打完。把常用文句保存到自用範本，可以省下逐一打字的時間。

接案平臺上很多賣家都講求迅速應對，如果光是回信就要花上兩、三天，委託人就會取消下單並另找他人。為了避免這種狀況發生，一定要儘早答覆。

此外，**再怎麼急著回覆也絕不可以寫錯顧客的名字。**如果急著所以不小心寫下失禮內容也是大忌。事先預想各種場面，準備好幾個固定文句，就可以順利做好顧客應對。

第零年的準備

郵件可以晚點再好好回覆？回覆講求速度與品質。

4 培養主動搭話的勇氣

閒聊這種事，會的人覺得沒什麼，不擅長的人卻覺得很困難。不必特別會說話，但是多少懂得閒聊，會讓對方覺得容易搭話。

我之前在公司上班時不善言辭，創業後參加各種自我啟發講座，被逼著與不認識的人交談。自我啟發講座經常安排時間，讓學員與隔壁的人互相自我介紹，或是分享感想，在休息時間也會自然交談和交換名片。

經歷數場講座與各種職業的人對話後，我逐漸習慣與人交談，已經可以自然的與人聊天。

現在很多人覺得我很健談，過去的我也看了很多培養閒聊力的相關書籍，但最後發現還是實際大量的練習最有效果。回首過去，我不禁覺得在上班族時期就應該培養此能力。雖然與講座認識的人練習也可以，但是公司裡人很多，也有往來的客戶和顧客，是完美的鍛鍊場所。

比起話題豐富，最需要的是主動搭話的勇氣。

有些教導閒聊能力的書籍會主張「天氣和時事是基本話題」，反駁「只談天氣聊不久」的說法也有，其實無論談什麼都不如主動搭話。對方如果聊天氣，那就順著話題聊下去，幾次之後就會抓到閒聊的訣竅，找人聊天不再覺得痛苦，能力自然就會提升。

第六章會詳細談到與人談話時，比起發言更要重視傾聽。閒聊也一樣，與其自己開啟話題，不如引導對方發言再順勢交談，還能讓對方覺得愉快。

在跨業交流會等場所遇到獨自一人的對象時，第一句話可以詢問：「您來自哪裡？」或「您從事什麼工作？」遇到兩、三個人正在談話，想上前攀談可以表示：「我可以加入您們嗎？」比起聊天技巧，更重要的是些許勇氣。或者講座結束後可以聊：「今天的講座怎麼樣？」先引導對方發言，之後就可以趁勢接話。

笑咪咪的聽人說話也可以，但如果只回覆是和不是就熱絡不起來，稍微誇張的笑著說：「真是有趣！」多變的回應也可以讓閒聊變得熱絡。

原則上，閒聊時否定對方是ＮＧ表現。如果對方說：「最近好熱喔！」結果你回應：「會嗎？今年跟去年比起來還算可以吧。」否認初次見面的人隨口講的話，對方會瞬間覺得「這個人好難相處」。每個人看事情的方式不同，只要傾聽然後順勢接受就好。

我也不善言辭，現在還是會運用好幾種技巧與人閒聊，持續累積經驗。許多人能夠談工作相關的事，但是其他事情就不知道要講什麼。經驗累積越多，自然就會找到話題。

為了累積經驗，上班族時期就要主動向周圍的人開口，並且多觀察那些很會閒聊的人。

第零年的準備

不善言辭只能放棄？善談就是善聽，用經驗彌補閒聊力。

5 別急著反駁，先理解

在職場打滾越久越能深刻體會到，**否定對方說的話得不到任何好處**。

即使處理客訴時，也不要否定顧客的話，基本上要採取接納的態度，首先道歉並表示「造成您的不便」或「造成您的困擾」。如果說：「那是您的想法吧？」用這樣的話反駁對方很不適當，這是電視上才能說的臺詞，普通人在工作中出現這種態度只會樹立敵人。

創業後當自己的意見不被接受，就覺得被人看輕或是處於劣勢？這種想法大錯特錯。

上班族每天都與同事相處，但是創業後則會與各種職業、立場和年齡的人共事。即使委託工作的人比你年輕、或你的知識與經驗更加豐富，也必須以禮相待。

剛創業時相較資淺、沒有自信，有時被顧客說一、兩句就會下意識否定對方。無論自己的想法多麼正確，但是讓顧客不高興，就沒有下次的合作機會。

雖說如此，有時也會遇到顧客搞錯，不修正會影響後續工作的情況。請切記向對方表達不同意見時，掌握好說話方式，可以避免留下壞印象。

首先，一定要使用禮貌的詞語，然後使用「肯定後補充法」（Yes, and），這是業務員熟知的說話技巧。

當顧客表示「我聽說是這樣」，首先肯定對方，確實也有這樣的看法，接著再提出自己的意見。不主張自己的意見絕對正確，只是單純表示個人的看法，對方就不會感到被冒犯。

如果對方採取與自己不同的意見，那不妨以「也是有那樣的想法」予以接納。尤其剛開始在接案平臺時，經常會遇到年長或年資久的顧客下單，對方的態度就是「我比較懂」。

遇到這種情況，首先也表示「也是有這樣的想法，長知識了」，接納對方的意見後，再委婉表示「還有其他類似的想法」或是「我的想法是這樣，您覺得如何」以避免糾紛。

還有一種類似的技巧叫做「肯定後否定法」（Yes, but）。

這個技巧是先接納對方的意見，再用「但是……」表達不同意見，比起「肯定後補充法」更加強調自己的意見。兩種技巧可以視情況使用，但要先想好要使用「肯定後補充法」還是「肯定後否定法」。

從上班族時期開始就可以學會如何尊重對方。主管、部屬和同事都有各自的想法和立場，客戶和顧客也一樣。硬要說服對方，強迫對方認同自己只會招人討厭，不會有任何好處。

為了尊重對方的立場和想法，要先傾聽對方的意見。即使對方提出不合理的要求，在否定前先傾聽，或許可以發現意外的解決方法。

第零年的準備

自己的意見是否爲正解？不須否定對方的意見，接納後信賴關係就會建立。

6 幫助他人，是最好的行銷

以前在公司上班的時候，公司內部流行部落格，我偶爾會分享有用的資訊。當我分享有趣的書籍和網路資訊時，同事們都會很高興。我在文章中介紹書籍時，會寫上書名、作者名和簡單感想，同時放上亞馬遜（Amazon）購物網站的連結。其他同事雖然也會介紹書籍，但是不會放上連結，當同事們可以透過我的連結，馬上知道書籍的詳細資訊時，都感到開心。

就像這樣，**經常思考如何幫助旁人並付諸實際行動，就容易讓人留下**

印象。

我的主管很優秀且熱愛閱讀，我讀了他在部落格介紹的書，並向他分享「那本書我讀了，非常的有趣」的簡單心得，沒過多久主管決定專案成員時，也順勢邀請我加入。

自己寫的文章得到回饋一定會很高興，所以表達感想也是可以讓對方雀躍的一種方式。

我現在也很積極分享對顧客有幫助的資訊。「雖然與您指定的不一樣，但是也有這種服務喔。」與顧客分享他不知道的事，或是對他的生意有幫助的資訊，顧客就會很高興。某次我在臉書分享「最近臉書的廣告都流行這樣做」，一位熟人在看到後，對我說「請幫我們製作廣告」。

不計得失的，盡可能分享資訊就會得到顧客信賴，最終也能獲得很大的好處。

不是對自己有利才幫助他人，一心一意的為別人好，自己也可以輾轉得到益處。把自己的利益擺第一，對方一定感受得到，就算表現得再親切，對方也不見得會開心。生意上思考如何幫上顧客的忙是首要基礎，任何職業最早該學習的應該是這一點。

然而持續實踐卻很困難，生意要做下去就得考慮業績，公司如果上市也需要考慮股東，不知不覺就會偏離重心，把顧客放在第二順位。當過於重視效率，服務品質將隨之下降，甚至開始掩蓋一些不好的事。

一人創業家也會遇到相同問題。經營副業時，一旦心態上認為反正只是副業，商品品質就會瞬間下降，溝通上也會變得敷衍了事。

雖然對自己來說只是副業，但顧客就是有需求才會前來委託。顧客就是顧客，與本業和副業無關。所以即使是副業，當然也須全力以赴。

「反正酬勞只有三千日圓」這樣想的人只會成為普通工作者，採取「製作三張圖片就交貨收工」的態度接案，顧客不僅不會回流，也無法建立口碑，長期下來顧客不會增加、接案價格也無法提升，自己也會覺得很沒意思。讓顧客高興，業績也會提升，即使創業也一定順利。

當你快要忘記初心時，請想起生意的主角不是自己而是顧客，自己的生意是為了服務顧客而存在，對待副業的心態也會有所改變。

舉數位廣告為例，幫顧客的公司提升業績，顧客就會高興。為了達成這一點，我會拚命思考什麼樣的吸睛圖片和文案效果最佳。當顧客稱讚「真是好廣告」，且實際帶來銷售成果。讓他感到滿意，那麼下次也會有合作機會。

以這種模式累積常客，生意就會逐漸穩定最後取得成功。

第零年的準備

工作是爲了賺錢？思考如何幫助別人，生意就會大幅成長。

7 先跟對方說明，哪些事做不到

當你在沒有經驗的狀態下開始副業，可能會想裝得很有經驗，但是其實沒有必要。永遠呈現真實的自己，這對自己和顧客都好。

如果是上班族，可以在個人簡介上寫「目前學習創業中」、「我會努力做到讓您滿意」，只要拿出實誠的態度，總會有人願意給機會。

有些人一開始因為沒有任何實績感到很不安，所以會稍微誇大「這個領域我很擅長，我懂很多」，不知道是虛張聲勢，還是想讓自己看起來更厲害。

但是沒有經驗就拿不出東西，遇到顧客諮詢和客訴當然無法應對。要是連商品也無法滿足顧客的要求，一下子就會失去信用。顧客評價變低，長此以往就沒有人願意下單。

到接案平臺瀏覽評價不好的賣家，很多負評都是「以為可以達到要求才下單，結果卻不符合期望」，顯示出與顧客在認知或溝通上出現落差。某種程度來說，認知或溝通落差在所難免。正因如此，每次交易都得充分溝通，如果覺得出現落差，就必須清楚表示「工作範圍是到這裡」或「超過這個範圍我做不到」。這部分確實做到的人，才能繼續拓展事業。

一旦讓顧客以為自己很厲害，負面訊息就難以說出口。作業過程如果有哪裡不會或不懂的地方，也會不敢告訴顧客，導致時間不斷流逝但工作卻沒有進展。最後當顧客跑來催促，卻發現根本沒有完成，就會引發嚴重客訴。

我曾經上 Coconala 找可以幫忙製作小冊子封面圖片的賣家，當初對方說「三天可以做好」我才委託工作，但是整整兩天都沒有任何聯絡，後來終於傳來資料，卻與我的指示不同，我只能要求對方修改，一直到第三天快結束我才收到最終資料。然而我不是非常滿意商品的品質，雖然想拜託對方再修改一次，由於已經到交貨期限只得作罷。或許對方覺得「有趕上交貨期限就好」，但是我再也不想與他合作。

如果說「三天內可以完成」，我覺得隔天就應該讓我確認一次草稿，沒有任何聯絡，會讓我擔心是否真的在著手進行。包括往來交涉在內，我感覺對方還不是很熟悉整個流程。要是他在個人簡介表示「我是新手，可能會有點不熟練」，我在委託時就會有心理準備。

不用擔心，任何人都是從新手做起。逐漸累積經驗就會變成專家，這段過程急不得。但一開始就冒充專家只會惹上麻煩，沒有任何好處。

沒有經驗馬上就會露出馬腳，**說清楚自己哪些事做得到以及做不到的部分**，更能得到顧客信賴。Coconala 上收費差不多、有類似技能的人非常多，是否留下好印象會影響回流率，技能可以鍛鍊，能保住信賴更重要。

第零年的準備

常常誇大和虛張聲勢？冒充專家沒有好處，呈現眞實的自己就好。

第六章

零人脈的行銷法

1 前東家，可能就是你的第一個客人

如果你目前在公司的人際關係不太好，打算離職之後就要斷絕一切聯絡，請稍微冷靜一下。我在創業後幾乎斷絕了上班族時期的人脈，但後來好幾次都覺得「真的很可惜」，因此後悔不已。

一旦創業絕對需要顧客，如果與目前的公司關係良好，第一個顧客可能就是你現在的公司。即使沒有成為第一個顧客，往後或許也有合作機會。

無論能力多好，如果沒有建立良好關係，對方也不一定會委託工作。

如果目前的公司不是黑心企業，最好可以取得公司的支持再離職。在公司工作時與各種企業往來互動，那些都是人脈。萬一不是和平離職，公司可能會對客戶講你的壞話，例如：「他在公司時是問題戶」等。遇到這種情況，創業後即使想找那家企業做生意，對方也不會考慮合作。在公司時就要思考如何建立良好評價，**好名聲可以幫助創業後的自己**。

我現在的工作雖然以數位廣告為主，但基本上都是透過實際交流取得顧客。由於是在線上工作，我也曾經以為可以完全以網路招攬顧客，但是至今還不曾單靠網路獲得顧客委託。

目前我的顧客一〇〇％都是實際見過面的人，或是由顧客介紹而來。現在我仍會參加講座以自我精進，也會提供生意上的建議給講座中認識的人，很多人因此變成我的顧客。實際見面談過話的人與只在網路上交流的人，哪個比較能夠信賴？毫無疑問是前者吧。

今井孝是教我市場行銷的老師，同時也是暢銷作家，以往一年會舉辦一、兩次講座，參加者多達三百人。我很好奇老師如何召集這麼多人，是不是有投放廣告，然而他後來告訴我，其實只是個別聯絡而已。他會透過郵件或電話聯絡以往參加過講座的人，並告知：「我要再舉辦講座，方便的話也請邀請其他人一同參與。」

今井老師有多本暢銷書，粉絲也非常多，在知道他會為了宣傳講座而個別聯繫粉絲後，我感到非常驚訝。

此外，許多收入頗豐的一人創業家也會在各地舉辦活動和交流會，並在活動後召開聯歡會與參加者直接交流，工作機會進而上門，因此他們會在實際會面的場合中積極建立人脈。

這些事看似理所當然，但是要持續好幾年並不簡單。越是一流人士，越能持續做好這些理所當然的事。所以說，個別聯絡是無庸置疑的事，無論如何都得勤於和他人聯絡。正因為如此，請重視現在的人脈。如果把周圍的人當成潛在顧客，你的交流方式應該也會有所改變吧。

第零年的準備

離職後就與公司毫無關係？好的人際關係受用一生。

2 吸引人的簡介怎麼寫？

創業前最好有某種程度的人脈，所以首先請製作自己目前的人脈表。這份人脈表是指創業後，仍可能會往來的人。除了目前的公司同事和顧客，還有跨業交流會認識的人等，把想得到的對象都列出來。

這時多數人會發現「我好像沒什麼人脈」。但這種情況也請安心，只要註冊前面介紹的 Coconala 和群眾外包平臺就可以接到訂單，與你往來的顧客就會有所連結。或許你們不曾實際過見面，但只要成為常客就可以稱為人脈。另外參加講座等，認識的人越多，資源就越廣。

而創業後要獨自經營事業，第一步絕對少不了「優秀的個人簡介」，否則無法吸引顧客，就很難接到訂單。因此要想出能打動人心的文案。

不只是 Coconala，在接單性質以外的平臺，如臉書、IG、日本的文字創作平臺 note 以及自己的網站，自我介紹都很重要。請參考下列要點：

1. 個人簡介圖像

任何平臺都可以設定個人簡介圖像，建議使用自己的臉部照片，不方便的話就用肖像畫，這樣做有助於增加訂單。在接案者雲集的平臺，用動漫圖像或是平臺預設的圖像會給人不正經的印象。

我補習班的學員一開始在 Coconala 也是用美國電影角色當圖像，後來換成年輕男性的肖像畫，詢問的人馬上變多。

有些人用的照片不是特寫而是小小的人像，甚至是背影照，但是比起動漫角色和虛構角色的圖像還是較有信賴感。

2. 秀出實績

一定要展現出成績，但是文章長度要適中。過於長篇大論的自我介紹反而讓人覺得缺乏自信，恰到好處即可，也可以參考其他人的個人簡介。

雖然有些人是瞞著公司做副業，但還是可以在工作保密的情況下做自我介紹。而剛出社會、沒有實績的人，其實只要據實以告就好。

例如「第一次接案有很多不周到的地方，但是我會盡全力滿足顧客的要求」、「我的社會資歷尚淺，但是我會努力做到最好」，個人簡介如果這樣寫，有些客戶會為了給予鼓勵而委託工作，也許能意外的得到訂單。有些委託人還會因為自己是第一位顧客感到高興，所以坦承自己沒有經驗和實績，完全沒有問題。

3. 內容展現個人特質

即使是媒合工作的平臺，個人簡介只談工作難免過於枯燥無趣。正因為不是當面洽談，個人簡介最好可以展現賣家的「個人特質」。

比方說「喜歡狗」、「超喜歡雞蛋料理，一天可以吃十顆蛋」、「住在北海道」等，稍微透露隱私反而可以讓人產生親近感，也能表達自己的原則和想法。

我有位學員在個人簡介上寫「我會把顧客的想法具體呈現出來」。雖然很抽象，但是加上這句話會讓印象大為改變。還有「為了節省顧客的寶貴時間，我們非常重視效率」、「當今時代非常需要這種策略」等，在簡介加入個人思考有助於取得顧客信賴。

4. 事先說明規則

「我的工作範圍是到這裡，超過這個範圍我做不到。」講明工作範圍和時間，委託更容易上門。

此外，事先說明規則，像是「最多修改三次」、「平日在上班，晚上八點以後可以回覆」、「六日沒有提供服務」等，有助於顧客理解並配合。

5.工作時程表

接受委託到交件的流程為何？幾天可以完成？這些也都是重要資訊。比方說，了解顧客需求需要兩個工作日、草稿需要三個工作日、正式設計稿需要五個工作日。在個人簡介寫下時程表說明作業流程，讓顧客可以安心委託。

完成個人簡介後可以請幾位朋友過目。「很難懂」、「這樣寫很難得到委託」一傾聽朋友的真實意見再加以修正，就能寫出打動人心的內容。

個人簡介的失敗範例（缺乏具體性）

我能提供各種實用服務，像是編輯圖像、影片、音訊，以及撰寫和修改文章等。

敝姓○○。

由於加入成人合唱團，我製作過各種傳單和小冊子等印刷品，每年也會配合作品設計宣傳物。

我也有攝影和編輯演奏會影片的經驗，所以擅長編輯影片和音訊。此外，撰寫文章和修改文章也很拿手，如果在製作印刷品和廣告方面需要協助，歡迎詢問。

看到這樣的個人簡介，你有意願找他委託嗎？會的東西很廣泛確實很棒，但是感覺都很抽象。如果客戶不清楚賣家具體的能力，便很難實際委託工作。我了解許多人想宣傳「我會很多技能」的心情，但是這種表達方式完全無法打動顧客。

個人簡介的成功範例（具體且容易了解）

最快三日完成：製作三張發布在社群平臺（臉書、IG等）的廣告圖片！

敝姓〇〇。

目前正在學習製作社群平臺廣告（臉書、IG等）。

我想累積實績，目前以推廣價提供服務。了解顧客的需求後，最短三天內可以交件。

由於平日要上班，所以平日晚上七點至十點，以及週末白天處理接案的工作。趕時間請事先告知，可以彈性配合。修改次數最多三次，如果無法使您滿意可以全額退費。另外，我的作品也有發布在平臺，敬請參考。

嗜好：已加入成人合唱團二十年，去年在紅白歌唱大賽擔任和聲。

這位賣家是否讓你覺得經驗不多卻很認真做事？自身缺乏經驗請據實以告，意圖隱瞞反而會被揭穿。

建議可以具體的寫下「做得到」和「做不到」的事，**尤其要明確告知做不到的部分**，這會讓顧客覺得你很盡責、會把工作做好。

第零年的準備

個人簡介打安全牌最好？個人簡介是吸引目光的最初機會，一旦被埋沒就沒戲唱。

3 我不會忙著推銷自己

跨業交流會是建立人脈的好地方。

以前的我也會去，但是如果沒有想好參加的目的，很容易變成只是發完名片就結束了。參加跨業交流會當然是打算自我推銷，而大家的目的都一樣。因此，每個人只顧著吸引他人，對我的專業完全不感興趣。所以我把跨業交流會當作是自我介紹和商品介紹的練習場所。

當我在交換名片時提起「現在正在做這種生意」，如果對方沒什麼反應，表示這種商品可能沒有需求。剛創業的時候，我想做不同於系統工程師的工作，於是考慮過各類生意，但是向他人介紹時，所得到的反應大概都是「這樣啊」這類平平的回應。可是開始做數位廣告後，當我介紹工作內容是「協助大家利用臉書和ＩＧ廣告吸引顧客」時，許多人紛紛表示：「很不錯呢，我可以拜託您幫忙嗎？」

這樣的經驗讓我了解，**想知道自己思考的生意是否存在市場需求，到跨業交流會試水溫最合適**。雖說如此，即使在交流會內得到良好反應，我也不會馬上進一步表示「那我們最近約個時間詳談」。除非對方主動表示想了解更多的話可以進一步溝通，否則最好不要表現出急不可耐的樣子。

雖然推銷很重要，但是自己單方面推銷成功的情況其實不多。過度熱情誰都會退避三舍，有時在現場相談甚歡，其實對方也不是真的很感興趣。即使對方有興趣了解，過度推銷也可能讓人覺得「這個人好奇怪」。

所以，參加跨業交流會的**首要目標是讓對方留下好印象**，之後再透過臉書等平臺保持交流，花費半年左右的時間建立信賴關係。

這個「半年左右」的耐心策略非常重要。與他人交換名片後，我會在當天或隔天早上發送「我是在今天的交流會與您會面的倉林，這次交流很愉快，謝謝您」、「臉書也請多指教」之類的訊息，但是不會推銷自己。

而在臉書看到對方的貼文時，我會按個讚或是發表意見。等到彼此的距離逐漸縮短，就有可能得到對方的委託。這是我讓潛在顧客變成真正顧客的方法。

或許有人不想慢慢來，想知道馬上可以簽約的方法，但是生意想要長久持續，建立信賴關係才是最實際的辦法。

一心想著只要能接到單就好，對方一定會有所察覺並且產生戒心。但在跨業交流會抱持能接到生意就很幸運的心態，單純享受交流時光，反而會比較順利。

第零年的準備

你的焦急寫在臉上嗎？靜下心來，先做個深呼吸。

4 善言就是善聽

很多人都說「善言就是善聽」、「善聽的人受歡迎」，實際上能做到善聽的人有多少？

雖然知道必須好好聽對方說話，但是到了自我推銷的跨業交流會時，就會一心想把話說得更好，只希望對方把自己的話聽進去。如同前述，提到不要急著推銷更容易做成生意，全心傾聽對方說話才是上策。

在跨業交流會交換名片時，看到對方的頭銜可以開口詢問：「您的工作是〇〇對吧？那是什麼樣的工作？」等對方稍作說明後反問：「〇〇先生／小姐是做什麼工作？」再談起自己的工作。切記不要在交換名片後馬上說起自己的事，應該先讓對方自我介紹，急著先講自己的事無法讓人留下好印象。

我給補習班學員的建議是，與人交談，應維持**「對方說話占八成，自己說話占兩成」的比例**，多扮演聽眾的角色。

不用勉強說話，只要善於傾聽就可以提升好感度。尤其是不擅長談話的人，我的建議就是徹底做個好聽眾。除了附和對方，偶爾問起：「那是什麼樣的服務呢？」、「目前商品熱賣嗎？」對方就會高興的聊下去，再見面的意願就會大幅提升。聽對方說話時，如果覺得自己好像有機會提供服務，可以提起「我有提供這種商品」，但是對方可能會瞬間產生被推銷的感覺。

即使當下不談自己的生意，之後在打招呼的郵件中也可以提起「我在做這類生意，今後也請多多指教」，如果能讓對方覺得「有問題的話，拜託這個人可以解決」就是大成功。有些人一知道對方與自己的生意無關，馬上就會結束話題並離開。但即使是不會再見面的人，這種態度也令人不舒服。

據說十個人背後有一百個客人，相當於一個人身後就有十個客人，所以要重視眼前的人。由於誰也不知道生意何時上門，因此無論對方是誰，當下都應該好好聽對方說話。聽著對方說話時，一邊思考是否能結合自己的生意也是很好的腦力訓練，任何經驗都不會白費。日文中有句話叫做「一期一會」（按：「一期」表示人的一生，「一會」則意味著僅有一次相會，勸勉人們應珍惜身邊的人，更意味著每次的相聚都是獨一無二），正如這句話所表達，與眼前人的邂逅是否能創造意義，取決於自己的態度。

話說回來，想讓對方留下印象，自我介紹也很重要。跨業交流會是七嘴八舌的嘈雜場所，就算滔滔不絕的講自己的經歷，對方也不會很認真聽。

而吸引目光的要訣就是先預備幾個題材。美國矽谷有一種宣傳手法叫做「電梯簡報術」（Elevator Pitch），是指創業家利用搭電梯的十五至三十秒，向忙碌的投資家做簡報。如同電梯簡報術，大家也試試看在數十秒內做自我介紹吧。

我曾說過自己喜歡雞蛋，只要告訴對方「我一天可以吃十顆蛋」，對方就會驚訝道：「竟然可以吃這麼多？」進而對我留下深刻印象；還可以透過「興趣是高爾夫」和「喜歡參拜神社」等題材開啟話題。當我提到自己「來自埼玉縣熊谷市」，由於新聞經常報導這是日本最熱的地方，對方就會有「喔～是那個熊谷啊」的反應。而我的朋友有一個非常吸引人的題材，那就是「家裡養了一千隻青鱂魚」。

像這樣**比起經歷，當人們因為「有趣的題材」對你印象深刻**，反而能讓彼此的交流不限於當下，甚至可以長久持續。

第零年的準備

是不是都假裝有在聽別人說話？聽人講話要全神貫注！

5 我在社群平臺很少寫公事

經營副業後如果還有餘力，希望各位可以嘗試善用社群平臺。剛開始經營副業，幾乎不可能透過社群平臺取得委託，但是持續發文讓大家認識自己，總有一天會接到訂單。

使用社群平臺，臉書或ＩＧ擇一即可，以往我覺得最好能善用所有的社群平臺，然而**現在的社群平臺逐漸區分用戶族群，在有潛在顧客的平臺發文才能發揮效果**。

比方說，X的用戶多為年輕世代、發文數量也多，在這個平臺發文很容易石沉大海。

臉書則採取實名制，不接受匿名用戶，很多人都是實名且規矩的發文，許多經營者和名人也用臉書發布正式訊息。用戶是三、四十歲居多，接著是五、六十歲，對線上經營副業的人來說是切中目標客群的平臺。

ＩＧ用戶以十、二十歲居多，再來是三、四十歲，是年輕人取向的社群平臺，但是很多女性創業家也在使用ＩＧ，所以針對這個客群發布訊息相較適合。在我補習班的女性學員長期透過 Coconala 接女性創業家的訂單，所以她持續用ＩＧ吸引女性創業家。針對潛在顧客發布資訊，讓感興趣的人更有機會看到。

許多人為了招攬生意，會在社群平臺發布工作相關的正向訊息，但我不是很建議。如「網路攬客的方法」或「提升動力的工作術」等，這類文章偶爾出現還可以，但是每天發布會給人很拚命攬客的印象，反而引起負面效果。十年前曾經流行早上四點半在臉書發布勵志名言，如今這種做法很難再吸引顧客上門。

現在發文不走親近路線的話，很難得到委託。

因此，**我在社群平臺發文時，有八成的內容是談私事，兩成是談工作。**根據我的經驗，**比起正經談生意，讓讀者產生親近感更容易得到委託。**

如同前述，我會以「我在這家店吃了雞蛋料理」為話題發文，或是貼出在觀光景點把臉放進挖臉立牌的照片。我努力發布有趣的照片是希望給人平易近人的印象，但是只談私事又會讓人搞不懂我在做什麼工作，所以生意的話題也要占一定比例。有些人會發布與政治和經濟相關的艱深話題，如果符合個人色彩又有粉絲追隨也無妨，但是或許很難促成生意。

發布與生意相關的貼文時，有一點很容易讓人忽略，就是放上自己的講座資訊和電子報連結等個人資訊，才有機會發展成生意。無論寫的內容再好，如果只讓讀者覺得真是一篇好文就結束，那發文就沒有意義。

透過發文提升好感度當然很好，但如果讓別人以為自己是「免費提供好康資訊的人」，對方就不會想花錢向你學習，當然也無法發展成生意。所以，要引導人們接觸自己的生意，例如寫上「有這類煩惱的人，請一定要來參加講座」，介紹自己在接案平臺上發布的商品和服務，或推薦他人免費訂閱電子報等，原則上發文就是要獲得對自己有利的價值。

雖然訂單不會一下子暴增，但隨著潛在客戶逐漸累積，也會帶動營業額持續成長。

第零年的準備

在社群平臺想寫什麼就寫什麼？制定出對方感興趣的內容。

6 不要把顧客的話照單全收

優秀的顧問不會把顧客的話照單全收，因為人不一定了解自己真正想做什麼或是想要什麼。

與顧客討論時，我也會確認委託的內容是否真的符合他的需求。例如顧客表示「請幫我製作網站」，如果我進一步確認：「好的，您想要什麼樣的網站呢？圖片多的設計可以嗎？」偶爾會聽到顧客抱怨「我想要的不是這個」。

問題出在沒有詢問顧客的目的。

如果改成詢問顧客：「為什麼您想製作網站？」而對方回答「我想放上很多宣傳影片」，那更符合對方的需求建議是「在YouTube上建立自己的頻道就好」。

我遇到很多情況都是，比起顧客本人的期望，其他方案更能解決顧客的問題。雖然最後可能會導致工作談不成，但是如果在顧客的心中留下誠實的好印象，以後一定有機會得到委託。如果勉強接下工作，即使可以得到報酬，但若中途與顧客發生爭執，彼此只會留下壞印象，不會再有第二次合作機會。

因此，不要把顧客的話照單全收，在談話間釐清顧客的真正需求，更容易讓顧客變成回頭客，也是建立人脈的方法之一。

在Coconala上接到三千日圓的訂單也一樣，詢問顧客的目的很重要。無論案子有多便宜，都不要輕忽以對。接到製作圖片的委託時，詢問顧客：「這個圖片的用途為何？」對方或許會回答「想放到臉書當廣告」。如果該商品的目標客群與臉書的用戶不符，建議顧客「如果是年輕人取向的商品，廣告放到ＩＧ會更好」一定會讓對方很高興。或是顧客想製作數位廣告，卻不知道用什麼商品推廣時，告訴顧客「同業的其他公司做的是這種類型」，顧客或許就會更清楚自己的需求。

我不會鼓吹買這個絕對划算，也不會強迫推銷商品，但是我的高價商品（創業補習班）賣得很好。當舉辦宣傳創業補習班的講座時，就會吸引對此感興趣的人，我會在講座說明我的創業補習班適合哪種人、能提供什麼協助，與其他創業補習班有什麼不同等選擇基準，幫助不知道該怎麼選擇的人整理思緒。

由於不是所有參加者都適合我的創業補習班，當我覺得不合適也會予以回絕。在報名課程期間我會告知費用和支付方法，最後再次確認：「這次您要參加嗎？」如果參加者表示這次先不用，我只會回覆：「好的，有需要再跟我聯絡。」即便如此，由於曾經直接交流，彼此就會建立聯繫。

釐清對方的思緒或許不是一開始就可以簡單做到，但如果從創業初期就意識到這點，對創業後絕對有幫助。

第零年的準備

如何防止客訴糾紛？多次確認避免誤會。

7 不與「麻煩人物」合作

創業前最好要有一個覺悟——創業後難免會遇到金錢糾紛。

買家沒有付款是創業家的常見問題之一，可說是創業家的必經之路。

剛開始做數位廣告時，我也接過國外知名教練的案子。當下接到熟人介紹的大案件時欣喜若狂，由於經驗尚淺，廣告攬客的成效不好，對方在不滿之下告知不支付一切費用。但是當時的契約說好完成工作就必須支付報酬，不是取得成效才能拿到報酬。我多次要求對方付款都得不到回應，原本應該收到二十萬日圓的酬勞，結果一日圓都拿不到。

經過這次經驗，往後的交易我都會預收部分款項當作前期費用。即使是新手或是第一次接案，付出勞力就有權利得到相應報答。

副業與自由業是相同處境，立場都很薄弱。如果是上班族，即便是新進員工也是組織的一員，顧客也不至於如此失禮。但是接案平臺上有很多賣家沒有任何頭銜，有些人或許會趁機占便宜。

萬一買家用一些理由不支付款項，可以尋求平臺公司協助或是與買家交涉取得款項，這也是創業家的必要經驗。

前陣子我接了一個案件，委託人邀請我在他主辦的講座擔任數位廣告的講師。因為對方與我相識，我很快就答應委託，但是等到要付款時，對方卻表示要分期付款，結果只付了第一次就沒有下文了。之後我多次催促付款，對方卻以「請再等兩、三個月」為理由一再推託，經過兩年後還是拖欠二十萬日圓。

就算我已經資歷豐富還是可能會拿不到酬勞，遇到這種情況不要忍氣吞聲，只能耐心與對方交涉。遇到惡劣、牽涉較高金額的情況也許能找律師諮詢，但我都是自己交涉。經歷各種經驗後，我暗自決定不與這類麻煩人物往來：

1. 自我優越感高的人

以前遇過看不起人的委託人，由於對方多次表示很想見一面，所以我騰出時間與他碰面，誰知道對方一看到我就很失禮的說：「咦，沒想到倉林先生這麼胖呢。」當時我心想這不是初次見面會說出口的話吧。

雖然懷著討厭的預感卻還是接下工作，之後對方一直說出令我不悅的話，導致我的工作意願下降，一段時間沒有做數位廣告的報告，對方一怒之下於是解除契約。雖然解除契約令我鬆了一口氣，但是我對自己最後的工作態度深深反省。經過這次經驗，還是不要與自我優越感高的人做生意比較好。

每個人都會遇到怎樣都合不來或生理上排斥的人，遇到這種對象，不用勉強自己接案。工作困難還能接受，但如果遇到麻煩的合作對象，會因為多餘的壓力浪費很多時間，所以還是盡可能保持距離。

2. 想免費委託工作的人

創業新手時期尤其容易被占便宜，有時對方會要求：「這個也可以順便幫我做嗎？」遇到這種情況，「順便做」的工作也一定要確認費用。

我曾經遇過這樣的狀況，在接案的前提下對方要求「審核這個企劃的內部企劃書也麻煩您了」。當時我以「這是貴公司內部的工作，不在我的業務範圍內」為由回絕，不過由於接案者的立場薄弱，應該有許多接案者無法拒絕，只好接受。

想免費委託工作的人不是好顧客，應該要拒絕或是收取追加費用。

3. 經常委託急件的人

每次委託都表示「時間很趕真抱歉」的人，不是工作方式有問題，就是在血汗的環境下工作。遇到這種情況，除了拒絕之外，也可以選擇接下案件並收取追加費用，但是如果沒有餘裕還接案，就會影響到其他委託，所以一定要考慮清楚。

4. 位階明顯高於自己的人

開頭提到的企業教練案件正是如此，正常情況下不會委託自己的人跑來委託工作就要特別注意。那位老師似乎是過於獨裁導致公司職員陸續離職，無人可用才會找上我，但我也是很後來才知道這件事。

遇到這類情況不要急著興高采烈，先冷靜下來並找周圍的朋友打聽看看再說。

雖然還有其他想敬而遠之的類型，不過簡單來說，讓人覺得：「做人怎麼能這樣？」的就是麻煩人物。一開始可能看不出來，但是隨著經驗累積，就可以培養出分辨這類人物的眼力，與其費勁與他們周旋，不如與正直可靠的人共事更加穩妥。

一旦合作要中途退出或許有些困難，不妨在第二次委託或更新契約時以行程無法配合為由拒絕合作，就可以自然的疏遠對方。

第零年的準備

因爲立場薄弱就要委屈自己配合顧客？沒有一〇〇%的好人，也沒有一〇〇%的壞人。

8 比起風險，毫無行動更可怕

怎樣的人能創業成功？

當要經過快倒塌的橋時，有些人是確認安全後再過橋、有些人是放棄過橋，也有人是什麼都不做就過橋。

理想的創業家是第一種類型；至於第二種類型，不過橋就沒有任何可能，最不適合創業；第三種類型雖然每次行動都伴隨著失敗風險，但是至少有採取行動，比第二種類型好。

我的創業補習班也不是所有學員都能夠成功創業，有些人總是把不安掛在嘴邊，說著「賣不好怎麼辦」、「接獲客訴該怎麼處理」，遲遲無法付諸行動；其他創業相關的講座也一樣，學員有創業的想法，就算講師建議：「很有趣啊！為什麼不試試看？」還是有很多人因為不知道這個生意是否絕對成功而遲疑不前。

生意能不能成功，誰也不知道。但是可以確認一點，無論點子有多棒，不創業就無法得到成功。

以前創業難度確實很高，可以理解為什麼會猶豫，但是如同前面所說，現在有很多方式可以微型創業，創業變得相對容易。但是不少人還是「想好好鍛鍊技能，創造出好商品才開始販售」，然而這種想法是本末倒置，推出商品才能磨練技能，最終在反覆接單中提升商品品質，逐漸邁向成功。

與其不斷煩惱，不如先到接案平臺推出商品吧。如果還是覺得不安，可以在出售商品時附上退款保證。如同購物頻道常見的服務，事先表示「不滿意可以全額退款」，或是在個人簡介說明「我還是新手，不滿意商品可以退款」，買家下單前就會有心理準備。

難免遇到有些人別有用心，其實很滿意商品卻要求退款。即使如此，害怕遇到這類狀況而錯失接單機會才更可惜。不過，如果遇到顧客食髓知味，重複要求退款也很麻煩，而在個人簡介標示清楚「退款的顧客會有一段時間無法下單，敬請見諒」應該可以防止這類情況。

我之前上的高爾夫教室有提供「滿意保證」，費用在二十五萬日圓上下，並寫著「半年內無法突破百桿（譯按：打完十八洞桿數少於一百）就全額退費」。不過條件是要上完所有課程，並在課程結束一個月內申請退費，否則不予受理，且退費的話會有一段時間無法參與課程。

由於不少網路購物平臺提供退款保證，所以我推測想退款的人或許沒有這麼多。在接案平臺事先表明新手身分，顧客如果想找有經驗的人，一開始就不會選擇你，就算真的把工作委託給你，也不會有過多期待。

像是三千日圓左右的商品附上退款保證就不會產生大問題，反而可以用來降低風險。即使真的退款，損失三千日圓也是學到寶貴經驗，算是很剛好的金額。加上前面提到在個人簡介講清楚工作範圍，「圖片最多〇張」、「修改最多三次」等，就可以有效減少糾紛。做好風險應對，更容易踏出創業的第一步。

第零年的準備

想太多無法行動？與其害怕風險，毫無行動更可怕。

第七章

光賺到錢還不夠！

1 你要做到連續與穩定

各位創業後想要賺多少錢？年收一千萬日圓、兩千萬日圓，還是一億日圓？金額因人而異，各自朝著目標好好努力吧。

另外我想說的是，**需要多少基本生活費？**一旦創業，收入就會出現起伏，這與上班族的薪水有很大的差異，而為了撐過各種難關，一定要確保基本生活費。

每個月賺到一千萬日圓，甚至是一億日圓的收入是理想的狀態，但是茫然的追逐這個目標，反而會不知所措。

所以，首先計算一下維持目前的生活需要多少錢，也就是每個月的生活費，包含房租、水電費、伙食費、電話費和娛樂費等，只要大致的金額就好。接著思考創業後想維持目前的生活水準嗎？如果想稍微奢侈一下，要提升到什麼程度呢？

每個人的想法不同，如果期望的生活模式，一個月大約需要三十萬日圓，這就是一個基準。想到至少要賺到三十萬日圓，目標就會變得很明確。

不過這只是生活費的部分，至今由公司負擔的費用，創業後全部都得自掏腰包，像是社會保險費（按：在日本，企業須為員工投保健康保險、厚生年金保險、雇用年金保險和勞災保險，並負擔部分或全額的保費）和年金、交通費和交際費。創業的話，這些費用也須從公司營業額扣除，也就是說，每個月的收入不是可以全額使用的生活費。

這裡想請大家思考一下：「即使這樣還是想創業嗎？」或許繼續維持本業，再以副業的方式獲得收入會更好。上班族只要上班就能獲得一定收入，然而創業有時候可能是零收入。未必一定要辭職，重點是能夠自力從公司以外得到收入。

此外，在副業能夠連續三個月以上穩定獲得收入前，絕對不要輕易辭職。或許偶爾運氣很好，一個月可以賺到數十萬日圓，但那不是實力。**「連續」和「穩定」才是重要關鍵**。

有些人透過副業賺了一些錢後，以為辭掉本業，集中精力就可以賺更多，所以早早辭職（說的就是我），但這是高風險行為。

首先，**要以能利用副業賺到基礎生活費為目標**。保險起見，最好持續半年穩定獲得收入後再辭職，這樣風險就會大幅減少。如果透過副業很難賺到目前的生活費，可以得知這種生意賺不了多少錢。這時就要改變經營方式，或放棄創業，改為持續經營副業。

第零年的準備

現在可以辭掉工作嗎？賺到基本生活費前不能辭職。

2 先確保六個月能衣食無憂

我的財務導師教我：「首先把半年分的生活費存到儲蓄帳戶，然後剪掉提款卡。」這對想創業的人來說也是很有用的教誨，所以分享給大家。

創業預備金要存在儲蓄帳戶，重點是要用非平常提款的帳戶。然後開始慢慢存錢，絕對不要動用這筆款項。副業賺的錢要存入儲蓄帳戶，建議與生活支出的帳戶分開管理。

為了避免動用儲蓄帳戶的錢，就把帳戶的提款卡剪掉並丟棄吧。這個方法很極端，實際上也不用做到這種程度，但是要讓自己需要專程到銀行才能領錢。另外提醒大家，千萬不要連常用提款帳戶的提款卡都剪掉。

儲蓄帳戶裡至少要存入六個月的生活費。假設生活費一個月是三十萬日圓，就以一百八十萬日圓為標準。半年分是最低限度，存更多就更有底氣，總之在這之前要禁止花大錢。

前面提到連續三個月以上穩定賺到生活費前最好不要辭職，同時也要儲蓄，所以存到足夠的生活費前，建議還是維持本業比較安全。

創業後少了上班收入，賺錢變得不穩定，如果有充足的儲蓄，精神上就能保有餘裕；反過來說，如果完全沒有存款就會經常為錢煩惱，甚至影響工作。

我剛創業時只有一個帳戶，錢全部存在同一帳戶，所以誤以為自己擁有很多錢，金錢觀也變得奇怪。導致我不斷的揮霍金錢，等意識到時，戶頭已經空空如也。

即使處於目前的薪水存不了錢的情況，每個月應該還是可以擠出五千日圓吧，現在銀行有按月從其他帳戶定額扣款的服務。設定自動存入五千日圓，所以一年是六萬日圓，到五年時就是三十萬日圓，即使無法達到半年分的生活費，只要手邊有急用金就不至於落入窘境。

儲蓄的同時，建議也開始接觸投資。

投資股票或信託都可以，就從創業初期開始投資，一開始也是一個月五千日圓即可。在日本目前部分收益免課稅的ＮＩＳＡ（按：日本對於境內民眾開立個人儲蓄帳戶投資理財商品，只要投資在利益額度內，便可享有免稅制度）已經改制，定期投資型信託變得更方便。

不過，投資與儲蓄不同，可能會損耗本金，一下子大額投資會很危險。建議先從少額開始，花兩到三年鍛鍊投資技能，之後再增加投資金額。

就像遇到新冠疫情，有時也會因為不可抗力因素而導致工作驟減。這種情況如果有投資收入就可以撐過去。

若只靠生意賺取收入就必須持續工作，而本金少的話，投資也不會增加財富。如果可以透過做生意賺的資金進行投資，比起單靠做生意或投資更能夠輕鬆達到目標。

為了將來正式創業，先把副業賺的錢存起來或用於投資，都是聰明的理財方式。

第零年的準備

你有零收入也足以維生的存款嗎？如果打算創業，先存六個月的生活費。

3 杜絕無謂的花銷

正如我們經常看到的新聞，即使是豐田汽車和NTT（按：日本最大的電信事業集團）等大企業，也會發布業績下修的消息，由此可知，任何規模和類型的公司都難以維持穩定的業績。

一旦創業，就算今年業績高達一千萬日圓，隔年業績也可能變成零。為了避免這種情況，應該要及時調整工作內容，但是會出現什麼狀況也無從得知。

因此，我建議各位不要一味指望業績。相對於業績，**支出是可以掌控**

的部分。因為使用的金錢不會有太大的變動，某種程度上可以自我節約。

從收支來看，即使業績少，只要減少支出就會有盈餘。創業後在步上軌道之前，未來會變成怎樣誰也不知道，為了在業績驟減時也能生存下去，從創業第零年就要學習停止浪費以減少支出。

計算生活費時也要一併檢討，這時應該可以發現多餘的浪費。即使目前的花費都負擔得起，但是只要減少無謂的支出，錢馬上就會增加。

首先確認每個月的所有支出，包含收據、信用卡、電子錢包的明細，以及銀行帳戶的轉帳紀錄等，毫無遺漏的檢視清楚。信用卡和電子錢包都有明細，花了多少、用在哪裡都一目瞭然。現金支付可以保留收據或是透過拍照管理。絕對不能出現用途不明的金錢，即使是數百日圓也要確實掌握。在日本，光是開立紙本明細就會被收取數百日圓的手續費。雖然金額很少，但一年算下來就會超過一千日圓，累積十年就會超過一萬日圓，儘早換成電子明細才是上策。

可以用記帳 App，或是用試算表軟體製作簡單的表格來管理支出。掌握所有的支出後，就能找出無謂的開銷並一一刪減。首先重新檢視自己每個月的固定支出：

- 訂閱商品：沒有使用的音樂和影音串流服務就取消訂閱，要特別注意自動續訂的功能，以免在不知情的狀態下繼續訂閱。
- 智慧型手機、Wi-Fi：重新檢視手機的資費方案或是換成平價手機，同時一併檢查家裡的 Wi-Fi 方案是否划算。
- 食品、日用品：水、調味料、衛生紙、清潔劑等日用品，透過一次性大量購買或定期購買降低價格。
- 租金：搬到房租便宜的地方也是一個方法。
- 車：不常開的話就賣掉，改用共享汽車等服務。
- 遊戲、嗜好、追星：花在遊戲、嗜好和追星的錢要設定上限，避免毫無限制。
- 日常支出：計程車、超商和咖啡的支出也一樣，即使一次花費在數千日圓以內，累積起來也是一筆可觀的金額，應該思考如何降低消費次數。

已經習慣的事很難改變，一旦養成浪費的習慣，突然要戒掉真的很困難。如果一不小心就會使用信用卡和電子錢包，在養成節約習慣前可以只帶現金出門。另外，經常去的家電量販店或網路商店的點數，以及電子錢包的回饋點數，也都可以善加利用。執行上述方法三年，手邊就會多出一筆錢，妥善規畫就可以有效活用資金。

創業後如果公司規模擴大，一定會面臨刪減成本的問題，從創業初期就要養成控制成本的觀念。即使未來不僱用員工，保持一人作業，沒有節約觀念還是不會有盈餘，好不容易建立的事業將很難進展到下一個階段。

其實越是有錢的人越會節制無謂的花費，在細節上很囉唆所以常被說小氣。許多有錢人的共通點是搭飛機時選擇經濟艙、連銀行手續費或寄送文件的郵資都要加以確認，且不追求流行，而是愛惜好東西。另一方面，雖然看起來比普通人還簡樸，卻不惜投資有潛力的人才和事業。

正是擁有這樣的金錢觀才會變成有錢人。

我不是規勸大家在生活上過度節約，但是五千日圓、一萬日圓的支出累積起來，馬上就會變成五萬日圓、十萬日圓，節約花費雖然麻煩但是值得一試。

第零年的準備

你是否疏於管理金錢？對待金錢要膽大心細、張弛有度。

4 學習節稅的相關知識

考慮創業的人，強烈建議在上班族時期就學習融資和稅金的相關知識。

因為創業後開始打拚就沒有多餘時間學習，而且想融資的話，在創業後才開始了解也已經太晚，事先了解沒有什麼損失；另外關於稅金，日本上班族會繳納所得稅和住民稅，不過都是從薪水扣除，應該很多人不知道自己繳了多少稅金（按：日本的所得稅由企業每個月從薪資中預扣，而在臺灣，納稅義務人須於每年五月申報綜合所得稅。此外，日本的住民稅是繳給地方政府的稅金，臺灣目前無相應稅制）。

打算創業的話，最好先了解稅金和節稅的相關知識。有無節稅，一年下來的納稅金額甚至可能會相差一百萬日圓（按：以下內容適用於日本）。

舉個例子，創業後建立公司，常用的節稅方法就是「出差旅費規則」。是指在工作規則中制定出差旅費規則，規定出差時的交通費、住宿費和日薪金額。很多人以為一人創業家與工作規則無關，但其實有很大的節稅好處，怎麼可以不善加利用。出差旅費規則載明下列項目：

- 移動超過○公里或是○小時就算出差。
- 住宿費是○萬日圓。
- 交通費是實報實銷。
- 日薪是○千日圓。

出差旅費規則有下列好處：

1. 除了交通費和住宿費，當日經費也可以申報費用

包括出差時預計購買的必需品、通訊費和餐費。

假設出差旅費規則為日薪兩萬日圓，無論實際使用多少金額都可以申報兩萬日圓的費用。由於經費增加公司的利益會減少，所以適用於法人稅的節稅。

2. 差額也會給付

如果有規定住宿費上限，費用是定額給付而不是實報實銷。假如住宿費規定是四萬日圓，即使住在一晚五千日圓的飯店，免課稅的部分還是四萬日圓。另外三萬五千日圓的差額，即使用在別的地方也沒問題。

3. 個人旅行可以申報出差

我把臉書視為宣傳活動的一環，為了攬客會在社群平臺放上照片，而個人旅行也是公司的公關宣傳，所以可以視為出差。即使是一日遊的溫泉旅行，在社群平臺發布到○○視察的旅行目的地照片就可以算出差，不要忘了準備簡單的報告。

出差次數多，節稅的金額也會逐漸累積，建議經常需要出差的人善用這個制度。

另外，以公司的名義租借公寓，當成公司宿舍也是一種節稅方法，公寓的大小或負擔部分房租等，滿足一定的條件就可以申報為公司經費。

這些制度是針對法人而不是個人事業主，前提是要成立公司。即使是一人創業家，如果成立公司就可以享有許多優惠。雖然成立公司需要註冊等手續，不過現在從填寫文件到申請都可以線上進行，成立公司的費用也沒有以前那麼高。逃稅是犯罪行為，但是能節稅時就要盡量節稅。

不過，稅金制度經常改變，網路上也會看到過時的節稅方法。想知道節稅的相關方法不需要白費力氣，可以透過專家解說的 YouTube 頻道，盡可能獲得最新資訊。

此外，政策金融公庫（按：由日本政府全額出資的政策性金融機構）和地方政府有針對創業成立公司提供融資和補助金。

這些資訊在創業前一定要知道，創業準備時期就要蒐集相關資訊。

雖然我主要推薦大家的是網路事業，基本上創業初期不太需要花錢，但是遇到困難時事先知道可以申請融資或補助，也會更安心。

如果無法在家工作，必須租借辦公室，或許就會需要一筆資金。融資有很多種，需要的條件也不一樣，重點是找到適合自己的融資。

在搜尋引擎輸入「創業」、「融資」、「補貼」和「補助金」等關鍵字，就會出現很多相關資料，創業前有時間不妨先做功課。之後下定決心創業時，很快就可以想到要運用哪些方法，不只省錢也省時。此外，補貼和補助金都有新方案陸續推出，記得經常確認和更新資訊。

第零年的準備

了解稅金和融資很麻煩？充分了解如何節稅和申請補助好處多多。

5 三年內維持既有的生活水準

即使創業後馬上賺到一大筆錢，也絕對不能馬上提高生活水準。

前面與大家分享過我的創業失敗經驗，上班族時期由於工作繁忙，我在生活上沒有過多花費，但是創業後突然賺到一大筆錢，讓我完全喪失金錢觀念。基於「犒賞努力的自己」和「被課稅也很討厭」等理由，我一下子就提高生活水準。原本就想住在大房子的我，一鼓作氣搬到代官山車站前月租四十萬日圓的高級住宅，又花了一百萬日圓購置大型電視和高級音響；外出都坐計程車，新幹線要搭綠色車廂（譯按：商務車廂）；住家附近有很多高級餐廳，我經常外食，也常點比較貴的外送。但與唯一的客戶不歡而散後，第二年的營業額驟減，我才開始意識到必須降低生活水準。

結果我仍無法馬上做到，一回神還是搭了計程車，出差覺得好累所以又選擇搭乘綠色車廂，根本無法停止沒有意義的花銷。於是原本有著超過一千萬日圓的存款，三年內就揮霍殆盡，生活陷入低潮。如果當初沒有如此奢侈，生活也不至於如此困窘。

西野亮廣曾經是搞笑藝人，目前是繪本作家和 Chimney Town 公司的董事，其公司提供舞臺、活動等各種娛樂項目。西野亮廣在某次採訪表示「即使提高生活水準也不會幸福」。

在他成為公司的董事後仍然領取固定薪水，無論透過線上沙龍和 YouTube 賺得再多也不要求提高報酬，因為他覺得提高生活水準會「失去幸福」，讓目前覺得幸福的事都將變得平淡無味。由於不希望發生這種情況，多賺的錢沒當作報酬，而是投入公司事業或社會貢獻，協助公司和社會進步，自己的幸福度也會跟著提升。他表示，即使隨著收入增加而提高生活水準，也無法變得幸福。

回顧過往，當時我提升生活水準真的覺得幸福嗎？並沒有。現在我賺的錢比當時多，但夫妻倆在日本埼玉過著滿足的生活，目前的房租還不到代官山房租的四分之一。

有句話叫做「知足」，因為知足才感覺幸福。

有人說東京的房租很貴，但是到東京近郊的多摩地區，還是可以找到兩萬多日圓的物件，請試著尋找看看。

創業後即使收入增加，只要保持目前的生活三年，就會存到很多錢。

假設原本月收入三十萬，創業後變成五十萬，但維持月收入三十萬的生活水準，每個月手上就會多出二十萬日圓。存下這筆錢，三年累積下來就是七百二十萬日圓。

等到存了一筆可觀金額後想花大錢也沒關係，但最初的三年就當作是練習如何節約過生活就好。

提高生活水準後外表變得華麗，日常活動也隨之奢侈，身邊會引來一堆見錢眼開的人，正直的人反而會離你遠去。雖然一時之間很有成就感，但等到發現失去的東西有多重要，就會變得空虛。

為了避免這種情況，務必保持冷靜穩重，這樣認可自己能力和魅力的人就會來到你的身邊。

第零年的準備

曾經爬到高處，你有往下走的勇氣嗎？無論如何提高生活水準也無法變得幸福。

6 錢沒有被善用，就只是一張紙

任何事都需要練習，善用金錢也需要練習。

創業初期建議大家可以學會妥善使用金錢。前幾節才說即使創業賺了錢，三年都不可以浪費，現在又說要善用金錢是怎麼回事？因為我指的不是浪費錢。正是為了避免浪費，所以更需要練習。

有些人聽到「三年期間請維持既有的生活水準」就一直節約度日，這樣做雖然可以存到錢，但是一旦過度節約產生壓力，三年後可能會報復性的亂花錢，所以從現在開始就要熟練金錢的運用。

若為了創業，喜歡的東西全部忍住不碰，壓縮生活品質只為存錢，久了就會覺得「創業需要做到這種地步嗎？」尤其是配偶和家人，搞不好會開始反對，並希望你「放棄創業，一直在公司上班就好」。在沒有得到配偶和家人的支持前就創業，最後落得家庭不和根本是賠了夫人又折兵，所以過度節約的問題確實應該好好思考。

如果三年內一直縮衣節食，一旦要用錢時，反而會不知道該怎麼使用，進而害怕花錢。我身處低潮期時想花錢也沒得花，只能忍耐、控制自己，卻在之後出現了後遺症。

某次聽到夫妻旅行要花費三十萬日圓，就覺得「好貴喔」而猶豫不決。明明這種程度的花費不會造成生活困擾，我卻下意識的想省錢：「沒有更便宜的嗎？」但是當我意識到與妻子一起旅行是無可取代的回憶，就算要三十萬日圓也不可惜時，才花了這筆錢。

害怕花錢、花錢會產生罪惡感，明明有足夠的存款卻還是很不安，這樣的人或許罹患「節約症候群」（無法花錢的症候群）。從心理學來說，這是認知扭曲產生的症狀。如果過度節約對家庭和社交生活造成障礙，就必須尋求解決方法，也就是要練習使用金錢。

亂花錢和過度節約都是為錢所困，為了擺脫金錢的束縛，要學會在適當的場合使用金錢。但是過度消費還是不好，所以平時請以收入的一〇％為上限，購買喜歡的東西。設定一〇％應該就不會有大問題，而旅行類的大筆支出，就分配數個月的預算來使用。

金錢可以自由運用，但是不要白白花掉，重點是怎麼花能夠讓自己和家人開心。把花錢當作給自己和家人的犒賞。

投資自己的錢則另外計算，例如參加講座或購買創業的相關教材。一開始不用花太多錢，這類花費的上限也設定在收入的一〇％即可。

對於接下來打算創業的各位來說，創業本身不是目標，存錢也不是目的。希望各位以幸福快樂的生活為理想，為了自己和家人的快樂而創業。

第零年的準備

節約是美德？無論存多少錢，沒有拿來用就只是紙。

第八章

一人公司的第零年教科書

1 找出被浪費的空白時間

各位還記得新冠疫情發布緊急事態宣言（按：嚴重災難時，日本政府發布的緊急通知措施），不上班在家工作的那段時期嗎？我一開始還很高興的想「這下不用擠客滿電車啦」、「不用九點前到公司啦」、「會議減少了」，後來才逐漸覺得這樣下去不妙。

一天二十四小時都由自己管理，其實沒有這麼簡單。早上想確認郵件所以看一下手機，結果發現有趣的影片，一回神已經在網路上閒逛了兩、三個小時，這種情況很常見。在公司裡周圍有很多雙眼睛看著，但換作是在家一個人工作，沒有人督促就無法自制。整天下來變成今天也渾渾噩噩過了一天，工作毫無進展，最後陷入自我厭惡。

一旦創業，一年三百六十五天都會面臨這種狀況。

剛創業的時候，我原本打算像在公司一樣從早上九點開始工作，但是根本無法按時起床，深刻體會到自律的困難。

明明可以自由運用二十四小時，卻覺得時間不夠用。疑惑之餘，我列出一整天做了什麼事，居然發現了空白時間。所謂的空白時間，就是我在工作時稍作休息，跑去看漫畫或 YouTube 的時間。雖然每次只花二十到三十分鐘，但是一整天下來多達兩、三個小時。

因此我開始用第三章介紹的 Google 日曆進行時間管理。無意識的行為不寫出來不知道，為了避免浪費時間，建議從創業初期開始養成根據時間表過生活的習慣，如「早上九點開始確認郵件」，每天的工作就像這樣寫進時間表。

最近在資訊科技界，「默默會」蔚為風潮。

這是指一群人聚集在咖啡廳或共享辦公室，彼此不會請教討論，而是各自默默的工作，所以叫做「默默會」。或許有人會疑惑：「這與在家工作有什麼不同？」在家工作的話，意志力通常都比較薄弱，根本無法集中精神；到眾人聚集的場所，看到周圍的人都在工作，才會感受到「自己也得努力」的壓力，而強制自己進入工作模式。參加這類場合，養成在既定時間工作的習慣，也是一種時間管理訓練。

進行時間管理時，重點是如何專注工作。有種著名的時間管理術叫做「番茄鐘工作法」（Pomodoro Technique），可以幫助維持專注力。方法是工作二十五分鐘後休息五分鐘，重複這個模式工作，可以保持專注力且提高生產力。

番茄鐘工作法是由一名義大利學生發明，使用番茄形狀的廚房計時器計算學習時間，而義大利語的番茄唸作「pomodoro」，番茄鐘工作法因此得名。

工作不到二十五分鐘，就算是十五分鐘就休息一下也可以。使用網路經營副業時，須一直查看手機或電腦，持續工作好幾個小時的話，不僅眼睛會疲勞，如果導致肩膀僵硬、腰痛，精神狀態也會變得低落，因此不拚過頭是維持專注力的祕訣。

為了避免疲勞累積，我會安排十五至三十分鐘的午休。以前用Zoom開會的時候，曾被對方問到：「最近怎麼了嗎？」我自以為很正常的與對方交談，但是被對方從聲音和臉色察覺出異狀。有時覺得自己做得很好，其實已經露出破綻。心理和健康狀態不佳也會影響工作表現，所以請改善時間的使用方式。

第零年的準備

你是時間的奴隸嗎？時間管理不被動，主宰者是自己。

②拿不定主意？運用鬼腳圖

一旦創業任何事都必須自己做決定。因此，最好養成當機立斷的習慣。

從選擇做什麼生意、找什麼客戶合作的重大決策，到決定商品金額的中等規模的判斷，以及電子報的標題要寫什麼的小事，每天必須做各種決定，讓人傷透腦筋。所以我每次決定事物時也都相當煩惱。

當今時代注重效率，如果表示「請給我一週時間研討」，工作很可能就會被別人搶走，簡直在與時間比賽。雖然在公司中只能遵從主管吩咐，但是創業前還是可以訓練決斷力。

方法之一就是運用鬼腳圖（按：一種遊戲，常被拿來當作抽籤的方式，臺灣名為爬梯子）。舉個例子，在副業遇到「要不要接這個案件」的苦惱情況時，根據「接受」和「不接受」兩個答案製作簡單的鬼腳圖，接著看選到哪個。結果是「接受」時，心裡若想著「做看看吧」，那就接下案子；萬一心裡的想法是「哇！不會吧」，表示自己其實不想做，那就不要接受。或許有人覺得這樣的話使用鬼腳圖不就沒有意義，其實這是在幫助自己了解真實的想法。

一般來說遇到這種情況都會列出優缺點，種種比較後決定「優點比較多，雖然不是很願意但還是做看看」。雖然冷靜思考比較保險，但我還是有好幾次都後悔，當初沒接案該有多好。

或許只有我是這樣，比起理性選擇，憑感覺去做通常會比較順利。**因為接受與否，其實內心早有答案。想要理性選擇，往往會因為做不出結論而煩惱，最後浪費許多時間**。為了馬上找出內心的答案，鬼腳圖意外的能夠派上用場。

拿不定主意的時候，或許也可以仿效成功人士的思考模式，但是這個方法可能沒什麼用。仿效比自己超前一步或半步的人還算切合實際，但如果對方在相關領域已經有超過十年的實績，遠遠走在自己前面，根本無法成為參考對象。

比方說，成功人士說「要經常設想最壞打算」，但是打算創業的人如果一直思考最壞的結果，反而無法付諸行動。成功人士由於經歷過刀山火海，所以可以設想和避開最壞情況。

與其仿效成功人士的思考模式，不如運用鬼腳圖更有利行動。隨著經驗累積開始具備判斷事物的眼光，也就會逐漸學會如何決斷。

到達這個階段前，不妨借助可以自動判斷的工具縮短煩惱的時間。**有些事情要好好考慮再做決定，但是大部分事物都是當機立斷就足夠了。**

第零年的準備

想戒除優柔寡斷？決斷力可以透過訓練養成。

3 並非事事都要自己來

市面上有很多教導如何交辦工作的書籍，你是否覺得這類課題只與上班族有關？很多人以為一人公司沒有交辦對象，所以與這些主題無關。

其實，一人創業家尤其需要學會交辦工作。前面不斷提到「一旦創業所有工作都得自己做」，但是時間有限。在不怎麼繁忙時，可能會覺得「與其花錢請人不如自己做」，但是如果把工作交辦他人，空出來的時間就可以接新的工作。這樣一來不僅可以增加工作，收入也會變多。

開創新生意、結交人脈，創業家該做的工作多到數不清。考慮到可以花錢買時間，能交辦的工作就盡量交辦吧。

創業前就可以練習如何交辦工作。在本業時就可以盡量把工作交代給部屬，如果只有自己忙得不可開交，找主管商量也算是練習交辦工作。無法交辦工作的人往往覺得「與其花時間交代別人，自己做還比較快」。但是如此反反覆覆，自己永遠都不得空閒。為了讓自己將來可以輕鬆一點，不如現在花點時間嘗試練習。

找人商量也很重要，當初我也是想一個人工作才創業，根本沒想過交辦工作或是找人討論，結果過於勉強自己而搞壞身體，半年都無法正常工作。陷入五年的低潮期也是因為一直孤軍奮鬥，如果當時有找人商量，或許情況不至於這麼嚴重。

我真心覺得從創業第零年開始，就要學習委託別人。即使是獨自工作，未來事業上軌道後也可能需要招募人手。就算不招募，會計工作也可以交付給專業人士，自己的工作如果忙不過來，或許需要到接案平臺找人幫忙。

我有部分工作也是委託創業補習班的學員協助，把工作交給學員，是想讓他們體驗獨自承擔工作。而對我來說，即使只是部分工作，有人幫忙確實輕鬆許多。

接案平臺上也有人發布幫忙創意發想的服務，也有協助無法自律的人管理時間的服務。這類心理支援都可以找人委託。

在毫無經驗的階段就把工作全部交給別人，確實比較誇張，等累積一定經驗再逐漸把工作委託他人，這是讓自己進一步成長的過程。交辦工作可以找幾位值得信賴的人，如果有這樣的人脈，需要協助時就可以放心委託工作。

對創業家來說，找到可以交辦工作的人也算是降低風險。

第零年的準備

與其委託別人不如自己做比較快？任何工作都有需要交辦他人的時候。

④ 時間多估三倍，評價也高三倍

我創業前在公司負責與電腦系統的相關工作，作業前一定會製作工時單。但是作業往往無法按照工時單進行，經常被主管或顧客逼問「這是怎麼回事」。

基於這個經驗，我會以「自己預估完成時間的兩到三倍」來安排作業進度。尤其剛開始微型創業時，根本無法預想各項作業要花多少時間。如果副業與本業的性質相同，或許還可以預想大致行程；要是完全不同，恐怕無法按照預定進行。因此，用比原本預想多出兩到三倍的時間規畫會比較保險，**制定未雨綢繆的計畫表才不會給別人帶來困擾**。

在接案平臺發布時，一般都會在個人簡介說明大致的作業時間。如果因為渴望接到案件，於是宣傳自己的完成速度比其他賣家快，反而會帶來麻煩。萬一實際作業超出原本預估時間就會惹怒委託方，尤其遇到急件的情況下，更是難以補救。往後不僅失去該名顧客，自己的評價也會下滑。

此外，主動跟客戶說「很抱歉，我會比預定晚交件」會很尷尬、難以啟齒，結果等到交貨日被對方問起：「情況怎樣了？」才坦白自己來不及，就是最糟糕的情況。

在公司上班同事會給予支援，經營副業則由自己全權負責，根本無從逃避。為了避免前述的情況，原則上還是得規畫出留有餘裕的計畫表。如果工作提早完成，對方就會覺得賣家這麼早交貨真是優秀。多估算一些時間然後提早完成工作，確實會給對方留下好印象。

行程時間抓得太緊不僅會降低商品品質，也會把自己搞得身心俱疲，幾乎沒好處。創業新手寧願多花點時間也要仔細做好工作，否則無法讓委託人感到滿意。工作熟練後速度自然會提升，之後就算把作業時間縮短，也可以輕鬆應付。

接到工作時，即使覺得一小時可以完成，也要預想多出三倍的時間。許多人會把與人見面的時間寫進計畫表，卻幾乎沒有人會寫上工作作業時間。即使覺得今晚會完成，但萬一進度不如預期，趕不上隔日的截止期限就會產生問題，所以要訣是多估三倍時間，才能確保時間充裕。

一開始或許無法預估實際要花多少時間，只要確認最初幾次的預估時間與實際作業時間存在多少落差、了解哪個階段會耗費時間，下次就可以修正。重複幾次後工作速度就會變快，切記要有心理準備，一開始會花費較多時間。

第零年的準備

工作講求速度？逞強的計畫表會造成大家困擾。

5 瞄準自己的「一號瓶」

出現許多患者的災害急救現場往往會執行檢傷分類，根據急迫程度分成紅色、黃色和綠色，紅色為優先治療。

如果從眼前的患者開始治療，有些人或許會錯失得救機會。工作也是一樣，**判斷事情的優先順序是創業家的重要課題**。

把每個委託或作業分成紅色、黃色和綠色，就會清楚處理事情的優先順序。你可以把工作寫在紙上或是輸入手機記事本，接著進行顏色分類，或是使用顏色便利貼。但要注意，如果認為全部都很重要所以都標紅色，就會失去意義。因此，事先決定好各個顏色的數量，可以強制劃分重要程度。比方說，紅色三個、黃色十個，其他都是綠色。

之前有位補習班學員找我商量他的煩惱：「創業前要做的事太多，不知道從哪裡著手。」我請他寫出現在必須做的工作。他列出大約二十件事，但我看完清單後，發現很多都不是目前非做不可的工作。

這位學員在Coconala的接單數，已穩定累積了五十件左右，另外在臉書、IG和note都有發布訊息，因為他覺得如果不做這些就無法攬客。確實這部分也需要經營，但是需要花上一段時間才會看到成果，比起其他工作不算是必須優先處理的部分。

因此我建議他以創業為目標，**只寫出今天要做的三件事。今日待辦事項精簡成三項的話，自然會將注意力放在可以即時處理和不能推遲的工作。**我也建議他同時參考其他同類型賣家的網頁，並試著調整自己的頁面。獲得五十件委託已經是老手，也該放上顧客意見反映實績。首要目標是在接案平臺上攬客，社群平臺不妨等累積更多實績再做加強。

為了把待辦事項精簡成三項，可以參考「一號瓶理論」。這是以人才派遣業務為核心的 Goodwill 集團創辦人折口雅博提出的成功法則。

打保齡球時為了打出全倒，必須打到第一排正中央的一號瓶才行。只要順利打到，後面的瓶子也會因為反作用力倒下。**商場上的「一號瓶理論」就是認清事物的本質，發現並打下一號瓶，其他事情就會迎刃而解**；相反的，如果無視一號瓶只顧著打背後的瓶子，便無法解決問題。

也就是說，思考現在應該打下的工作一號瓶是什麼，就會知道比起發布資訊，加強攬客才是應該最優先處理的工作。在職場上經常思考主管和公司有什麼期待，就能找出背後的做事原因。

事到如今我也深自反省，要是當初我在公司上班時，有更加了解主管的想法該有多好。當被吩咐製作簡報時，如果我有進一步了解「這是要用在什麼場合」、「這份簡報是要報告給誰聽」，或許就可以更理解對方的意向。以往我沒有問清楚就接下工作，才會被主管說「我想要的不是這樣」而被要求重做。

社會經驗尚淺的階段尤其應該問「為什麼」，才能得知上級和公司的想法。這樣做不但可以看見「一號瓶」，久而久之，還能進一步看見自己人生中的「一號瓶」。

第零年的準備

考量事物見樹不見林？細節誰都可以看見，你要培養綜觀整體的眼光。

6 創造能專注的環境

創業成功者給人的印象是擁有超強的專注力和體力，可以三天不睡覺一直工作也完全沒事，但當我創業後與許多創業家見面，才知道這種神奇的人非常稀少。

許多創業家都很會打混摸魚，意志力也沒這麼強大。因此大家才會參加前面提到的「默默會」，營造強迫自己專注的環境。上班族當久了一定要到公司才會打開工作開關，待在家裡工作就會毫無進展。

租借共享辦公室改變環境也是方法之一，我剛創業時都到咖啡廳工作。

正如上一章所言，節約很重要，但是使用金錢應該張弛有度，日常用品要捨得花錢，使用優質商品可以打造專注的工作環境。我會把錢花在下列物件，供各位參考：

1. 椅子

對使用電腦工作的人來說，椅子是重要的工作道具。之前在公司上班時，我用的是約三千日圓的辦公椅，工作三十分鐘就開始腰痛。

一旦腰痛就無法專注工作，工作進展不順，交貨也會延遲，可見椅子的影響不容小覷。因此，我在創業前果斷買下當時約十萬日圓的 Herman Miller「Aeron Chair」。

這把椅子坐起來的感覺完全不同，讓我非常吃驚。連坐好幾個小時都不難受，工作進展非常順利。後來我買來大桌子搭配椅子，打造出方便作業的環境。

2. 電腦設備

我每三年會更換電腦，但不是為了追求昂貴的最新機種，而是電腦用久了運作變慢會影響工作，所以更換電腦是必要經費。由於我會邊聽音樂邊工作，喇叭也是使用五萬日圓的KRIPTON「KS-1HQM」，相較於便宜的喇叭，高價的喇叭音質完全不同，喜歡音樂的人建議連喇叭也要講究。

3. 室內環境

我在有點暗的房間比較容易專注，所以選用宜得利的遮光窗簾，只有手邊保持明亮。此外如果書架放在桌子旁邊，進入視線時會容易分心，所以我把書架放在背後杜絕多餘的干擾。另外，為了打造舒適的環境，空調和空氣清淨機也是需要講究的必需品。

有了適宜的工作環境，不需要刻意專注，坐到桌子前自然就會開啟工作模式。如果工作上很難專注，不妨試著改善環境，或許就能解決問題。

第零年的準備

老闆椅等成功後再買？把錢花在頻繁使用的東西上。

7 OFF學

前面一直談論如何安排工作時間，其實安排休假也同樣重要。許多人創業後一年三百六十五天都埋首於工作，幾乎不怎麼玩樂，但是成功人士全力工作的同時也在全力玩樂，他們很會切換ON和OFF模式。

以往我在公司上班不善交際，只知道努力工作。不只是我，許多系統工程師都不擅長經營人際關係，所以大家在公司一直都是默默的工作。當時我無法適應那樣的職場環境，每天加班到超過晚上十點才回家，然後狂吃在超市買的三人份便當，巨大壓力下導致我的心理不堪負荷。

結果我的體重暴增，身高一百七十九公分的我，當時體重達一百零五公斤（現在是八十五公斤）。在不健康的生活下，我罹患了糖尿病，身心都殘破不堪。如果繼續留在公司，我搞不好會過勞死。之後我調整飲食和生活習慣，花了很長一段時間才恢復健康。

經過這次經驗，我覺得有必要強制安排ＯＦＦ時間。現在的我會趁著工作空檔與妻子去打高爾夫或是去旅行充電。即使沒有出遊計畫，我也會偶爾一個人外宿在東京的飯店。

許多人創業前是平日做著本業工作，週六、週日則是經營副業，但是也要盡可能安排休息時間。如果在創業準備階段就累垮，不要說創業，連本業都會受到影響。建議在平日晚上經營副業，週六和週日空下來休息，或是週末選一天安排完全不工作。不論是哪種方式，應該都可以想辦法安排喘口氣的時間。

如果覺得現在不是玩樂的時候，就是危險訊號。當飲食和睡眠出現障礙，覺得嗜好和娛樂不再有趣，這種情況就要多加留意。會這樣想是因為沒有餘裕、眼界變窄所致，把自己逼到這種程度對本業也會產生負面影響，所以得留有三十分鐘或一小時暫時離開工作才行。

症狀早期及時應對，可能只需要數日或數週時間就會恢復，但變成重症的話則需要數年才會好轉。所謂的離開工作，如果只是一直待在家看影片或玩遊戲，恐怕還是無法好好的恢復精神。至少要走出家門，像是到電影院看場電影才算可以放鬆心情，物理上和精神上都要遠離工作。

以我為例，前往收不到訊號的日本山梨縣西澤溪谷深山時，我強制自己遠離工作，便頓時感覺身心舒暢。沒有工作來電、毫無訊號所以收不到郵件，但這些事完全沒對自己造成影響，那時我還鬆了一口氣：「什麼嘛！不過如此。」

現在「數位排毒」（Digital detox）興起一股風潮，鼓勵大家一段時間待在無法使用手機和電腦的環境，果斷改變環境心情也會跟著轉變。如果還是覺得自己的工作忙到沒有時間，也許只是你不打算安排時間而已。運用本章介紹的方法就可以安排出休息時間，請各位一定要嘗試看看。

第零年的準備

害怕休息是危險訊號？工作模式中OFF比ON更困難。

國家圖書館出版品預行編目（CIP）資料

一人公司的第零年教科書：不想只領死薪水！經營副業、全職接案、自行創業的致勝祕笈。任何時間（第零年）都可開始。／倉林寬幸著；賴詩韻譯.
-- 初版. -- 臺北市：任性出版有限公司，2025.06
272 面；14.8×21 公分. --（drill；029）
ISBN 978-626-7505-77-9（平裝）

1. CST：創業　2.CST：企業經營　3.CST：職場成功法

494.1　　114004555

drill 029

一人公司的第零年教科書

不想只領死薪水！經營副業、全職接案、自行創業的致勝祕笈。
任何時間（第零年）都可開始。

作　　者／倉林寬幸
譯　　者／賴詩韻
責任編輯／陳語曦
校對編輯／陳映融
副 主 編／馬祥芬
副總編輯／顏惠君
總 編 輯／吳依瑋
發 行 人／徐仲秋
會計部｜主辦會計／許鳳雪、助理／李秀娟
版權部｜經理／郝麗珍、主任／劉宗德
行銷業務部｜業務經理／留婉茹、專員／馬絮盈、助理／連玉
　　　　　行銷企劃／黃于晴、美術設計／林祐豐
行銷、業務與網路書店總監／林裕安
總 經 理／陳絜吾

出 版 者／任性出版有限公司
營運統籌／大是文化有限公司
　　　　臺北市 100 衡陽路 7 號 8 樓
　　　　編輯部電話：（02）23757911
　　　　購書相關諮詢請洽：（02）23757911 分機 122
　　　　24 小時讀者服務傳真：（02）23756999
　　　　讀者服務 E-mail：dscsms28@gmail.com
　　　　郵政劃撥帳號：19983366　　戶名：大是文化有限公司

香港發行／豐達出版發行有限公司　Rich Publishing & Distribution Ltd
　　　　地址：香港柴灣永泰道 70 號柴灣工業城第 2 期 1805 室
　　　　Unit 1805, Ph.2, Chai Wan Ind City, 70 Wing Tai Rd, Chai Wan, Hong Kong
　　　　電話：21726513　傳真：21724355　E-mail：cary@subseasy.com.hk

封面設計／林雯瑛
內頁排版／吳思融
印　　刷／鴻霖印刷傳媒股份有限公司
出版日期／2025 年 6 月初版
定　　價／新臺幣 450 元（缺頁或裝訂錯誤的書，請寄回更換）
ISBN／978-626-7505-77-9
電子書 ISBN／9786267505762（PDF）
　　　　　　9786267505755（EPUB）